自然系棉草
草帽和配饰
37款

日本诚文堂新光社／编著

虎耳草咩咩／译

中国纺织出版社有限公司

目 录

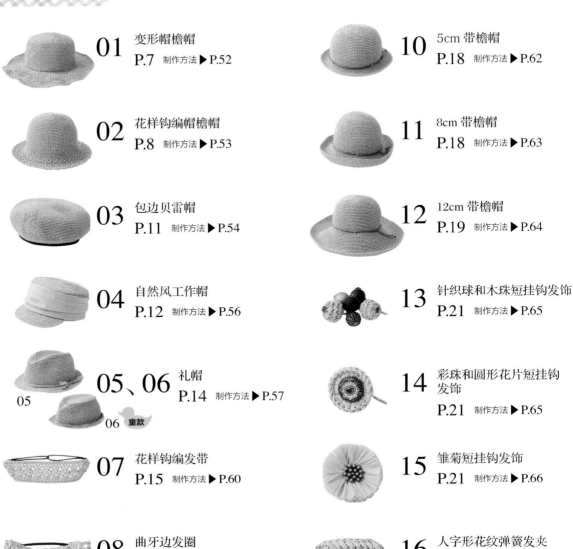

关于本书

书中作品使用的均为和麻纳卡（Hamanaka）eco ANDARIA 的 23 号棉草线。eco ANDARIA 棉草线是用从木浆纤维中提取出的天然成分（再生纤维、人造丝）制作而成。因遇水后会降低纤维的受力强度，所以不可以水洗。如有脏污时，建议用拧干的湿毛巾等来擦拭。另外，也可选择干洗。

eco ANDARIA 棉草线在钩织过程中织物会有起伏不平的情况。
若出现这种情况，建议用蒸汽熨斗在距成品 2~3cm 处进行喷雾熨烫。

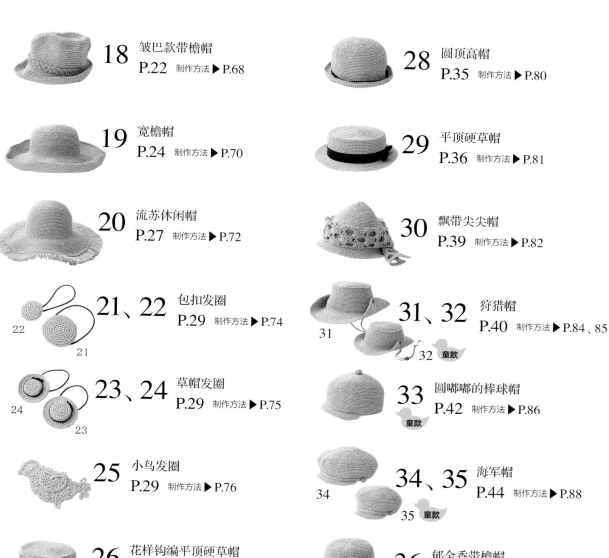

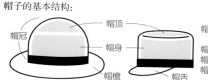

帽子的基本结构：

帽冠　帽顶

帽身

帽檐　帽舌

帽冠：指帽顶和帽身的结合，
　　　是包裹整个头部的部分
帽顶：指帽子顶端的部分
帽身：指帽子侧面的部分
帽檐、帽舌：指帽子遮阳的部分

帽子的内尺寸（头围）是以成人约58cm、
儿童约53cm 为标准。

※ 作品中标注的尺寸为大致的
　数字。

由木浆纤维制作而成的 eco ANDARIA 棉草线，色彩选择十分丰富。

本书选择了最具人气的 23 号线来钩织帽子和发饰小物。

除了日常必备的带檐草帽、平顶硬草帽、贝雷帽等款式，

还介绍了可搭配成人款的亲子帽。

此外，书中作品还包括各种发饰小物，定能让你尽享夏日自然风的搭配。

| 01

变形帽檐帽

帽檐制作成后侧为6cm宽、前侧为
8cm宽的款式，呈现出舒缓随性的外
形。穿裤装的话，稍斜着戴更帅气。

制作方法 ▶ P.52
设计 / blanco

| 02

花样钩编帽檐帽

这顶帽子雅致的花样帽檐将佩戴者的
脸庞映衬得欢快活泼，为简洁的搭配
增添了装饰感。

制作方法 ▶ **P.53**
设计 / Riko Ripon

| 03

包边贝雷帽

将黑色的收口包边作为自然色织物的装饰。是一顶特别适合搭配法式休闲装的基础款贝雷帽。

制作方法 ▶ **P.54**
设计 / 小岛山允子

04

自然风工作帽

在男性风格的工作帽上搭配了麻布头巾。推荐将帽檐稍斜着佩戴。

制作方法 ▶ P.56
设计 / 高木和由纪

06

05

05

06 童款

礼帽

即便是男性化的设计，用自然色系制作也能给人温柔的
感觉。搭配裤装当然没问题，和女人味的服装也是绝配。

制作方法 ▶ P.57
设计 / 高木和由纪

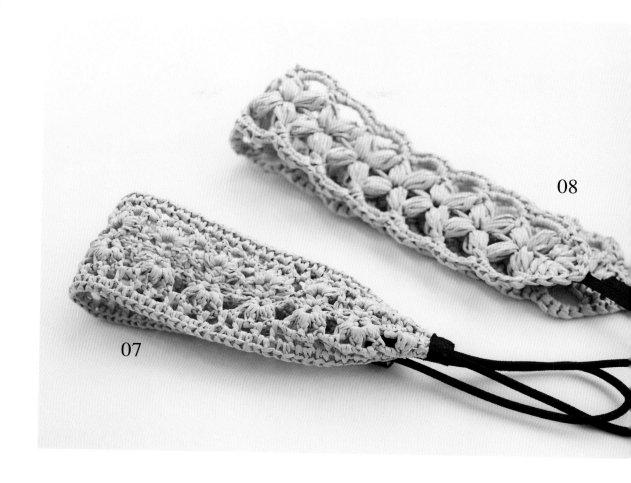

08

07

| 07 |

花样钩编发带

纤细的花样营造出温柔的气质。这款存在感十
足的发带与日常的简单发型搭配极为和谐。

制作方法 ▶ P.60　　设计 / Miya

| 08 |

曲牙边发圈

简洁的花朵花样格外显眼，曲牙边令人印象深刻，是
混搭的调味品。

制作方法 ▶ P.60　　设计 / blanco

09

宽丝带带檐帽

搭配宽大丝带，是极具女人味的款式。
最大的亮点在于带开叉的变形帽檐，
盘发戴着也很俏皮时髦。

制作方法 ▶ P.61
设计 / blanco

封面
作品

10

5cm 带檐帽

一顶让人想要拥有的简洁款式帽子。
只是变换5cm、8cm、12cm 的帽檐
宽度，就能决定帽子是雅致优美还是
轻便舒适。

制作方法 ▶ P.62
设计 / Riko Ripon

11

8cm 带檐帽

制作方法 ▶ P.63
设计 / Riko Ripon

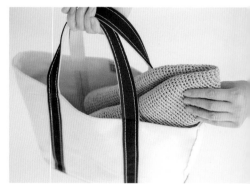

可以折叠放入包中，
推荐在旅行时使用。

12cm 带檐帽

制作方法 ▶ P.64
设计 / Riko Ripon

13

14

15

16

17

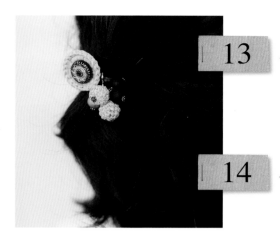

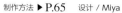

13

背面

针织球和木珠短挂钩发饰

小针织球和木珠的组合设计。动感摇曳的样子质朴可爱。

制作方法 ▶ P.65　设计 / Miya

14

背面

彩珠和圆形花片短挂钩发饰

简洁的圆形花片和个性化珠子的组合。建议和13号作品一起佩戴，效果更为和谐。

制作方法 ▶ P.65　设计 / Miya

15

背面

雏菊短挂钩发饰

展开的棉草线看上去宛如花瓣，珍珠花芯带来满满高级感。因为尺寸较大，所以也非常适合搭配华丽飘逸的长纱裙。

制作方法 ▶ P.66　设计 / Miya

16

背面

人字形花纹弹簧发夹

特点是用3股线钩织带来的随意感。

制作方法 ▶ P.66　设计 / blanco

17

背面

花样钩编弹簧发夹

特点在于独特的花样图案，是一款散发着清凉感的发饰作品。

制作方法 ▶ P.67　设计 / blanco

18

皱巴款带檐帽

将线和定型条一同钩织，实现了随意
塑造外形的可能性。或是将帽顶压扁，
或是将帽檐卷起，都令人心情愉悦。

制作方法 ▶ P.68
设计 / 小岛山允子

用力一压，体积变小，收纳也很轻松。

19

宽檐帽

自在随意地变换帽檐外形，拓宽了穿搭的范围。将后侧帽檐压低着戴的话，女人味满满，将其向上抬起戴的话，则给人轻便舒适的感觉。

制作方法 ▶ P.70
设计 / Miya

| 20

流苏休闲帽

在 9cm 的宽帽檐上，加上 4.5cm 的流苏，是一顶充满着休闲味的帽子，防晒效果也绝佳。

制作方法 ▶ P.72
设计 / Riko Ripon

25

21（大）

22（小）

24（小）

23（大）

21 22

背面

包扣发圈

将零线劈开来钩织，其特点在于用 2/0 号钩针编织所呈现出的纤细感。将其当作大小层叠的手链使用也十分时尚。

制作方法 ▶ P.74　设计 / Miya

23 24

背面

草帽发圈

存在感极强的发圈。妈妈戴帽子，孩子扎发圈，来尝试一下亲子之间用草帽作为共同搭配元素的乐趣。

制作方法 ▶ P.75　设计 / Miya

25

背面

小鸟发圈

雅致的小鸟花片视觉冲击效果非同寻常。还可以将发夹换成胸针，将其别在帽子或衣服上。

制作方法 ▶ P.76　设计 / 小岛山允子

| 26

花样钩编平顶硬草帽

帽身的花样给人留下凉爽的感觉。不挑服装风格和发型，自然风是其魅力所在。

制作方法 ▶ P.77
设计 / 小岛山允子

27

时髦报童帽

这顶帽子的特点是方方正正的帽身和朝下
的小帽舌。浅浅斜斜不露声色地戴在头上，
为休闲便装增光添彩。

制作方法 ▶ P.78
设计 / 小岛山允子

| 28

圆顶高帽

圆圆卷曲的短帽檐给人时髦的感觉。是
让平日装扮质感升级的必备单品。

制作方法 ▶ P.80
设计 / blanco

29

封面作品

平顶硬草帽

搭配黑丝带的基础款平顶硬草帽，短帽檐带来凉爽的感觉。制作重点在于运用了短针的条纹针来钩织，成品十分挺括。蝴蝶结位置可按自己的喜好放置。

制作方法 ▶ P.81
设计 / 高木和由纪

飘带尖尖帽

尖尖帽上缠绕着宽宽的飘带，个性十足。帽子本身属于简洁款，因此除了飘带外也可尝试缠绕丝带或丝巾。

制作方法 ▶ P.82
设计 / 小岛山允子

31

32 童款

狩猎帽

带有绑绳装饰的狩猎帽。平日佩戴时
可以打开帽檐，在参加活动时用摁扣
扣住帽檐。

制作方法 ▶ P.84
设计 / blanco

31

32

33 童款

圆嘟嘟的棒球帽

胖乎乎的圆形帽身和短帽檐显得十分
可爱，是男孩女孩都适合佩戴的款式。

制作方法 ▶ **P.86**
设计 / blanco

34
35 童款

海军帽

这顶短帽檐的小帽子搭配有装饰扣，让成人看起来帅气十足，孩子则显得特别可爱。

制作方法 ▶ P.88
设计 / blanco

35

34

36

郁金香带檐帽

这顶帽子设计成了6片拼接在一起的
款式，最大的亮点在于佩戴时帽檐会
呈现出波浪状。

制作方法 ▶ P.91
设计 / Riko Ripon

尖尖帽

尖尖的帽顶，让小朋友看上去就像小魔女一般。只需一圈圈地加针钩织即可完成，初学编织的人也可以尝试制作。

制作方法 ▶ P.92
设计 / 高木和由纪

eco ANDARIA 棉草线

用从木浆纤维中提取出的天然成分（再生纤维、人造丝）制作而成的线。本书只使用了 23 号米色线。

铝制双头钩针 RakuRaku

双头钩针。使用单股棉草线 eco ANDARIA 钩织时的针号为 5/0 ～ 7/0 号。本书还用到了 2/0 ～ 8/0 号、8mm 等针号。（H250-510-4、H250-510-5）

毛线缝针

处理毛线线头时使用。（6 根一套 H250-706）

记号扣

为防止漏看第 1 针和标记加减针位置等时使用。（H250-708）

定型条（保持外形所用材料）

和线一起钩编进去，可以保持钩织织物形状，或将其变换成自己喜爱外形的新材料。聚乙烯材质易弯曲、十分柔韧。本书使用的粗细为 0.7mm。（H204-593）

热收缩管

在定型条前后端收尾或连接处使用。利用吹风机吹出的热风进行收缩。（H204-605）

棉草线专用定型喷雾

喷在帽子上即可，具有保持作品外形的效果。（H204-614）
※ 使用情况请根据自己的喜好

材料提供：和麻纳卡

18 皱巴款带檐帽

这顶帽子最大的特点是可随意变换外形，制造出皱皱巴巴的感觉。
重点课程介绍了包入定型条的钩织方法及
钩织完成后的整形方法。

〈 制作方法 〉
环形起针～短针钩织（第 1～4 行）

01　将线头在手指上绕 2 圈。

02　抽出手指，将针插入环中，将线引拔带出。

1 针锁针起立针

03　钩 1 针锁针起立针（这一针不计入针数）。

04 在环内钩6针短针后，将针暂时取出。一点点地拉动线头，将活动的线圈朝箭头①的方向拉，将环收紧。最后将线头朝②的方向拉，再次收紧环。

05 将针重新插入完成第1行。

06 从第2行开始不钩起立针，直接绕圈钩织。将针插入上一行第1针短针的顶部，将线引拔带出。

07 挂线，朝箭头方向引拔带出。

08 完成第2行的第1针短针。

09 不钩起立针时，为了明确第1针的位置，要在每行第1针处放入记号扣。

10 第2行是重复钩6次1针分2针的短针加针，共钩12针短针。

11 第3行是先将第2行的记号扣取下，在第2行的第1针上钩1针短针，放入记号扣。之后每1行都是按这种方式放入记号扣。

12 交替钩短针和短针加针，完成第3行。

13 重复钩2针短针、1针短针加针，完成第4行。

包入定型条（第5～45行）

14 从第5行开始包入定型条钩织。剪下3cm的热收缩管穿在定型条上。

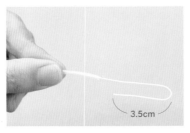

15 将定型条前端弯折3.5cm左右。

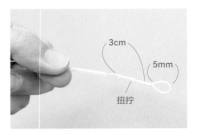

16 扭拧前端，做成直径5mm左右的环。

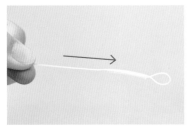

17 将热收缩管穿进去遮住扭拧的部分。

18 用吹风机的热风吹热收缩管2分钟，注意不要烫伤。

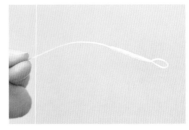

19 高温会使热收缩管和定型条紧密贴合。

20 第5行是先将针插入第4行的第1针内，再插入定型条的环内。

21 包入定型条钩织短针。

22 完成第5行的第1针。

23 钩第5行的第2针。将定型条顺着钩织针脚的方向拿着，在第4行的第2针上入针挂线引拔带出。

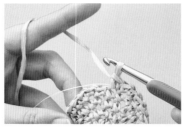

24 接着挂线钩1针短针。图为完成第5行第2针后的样子。之后，继续包入定型条依照图解钩织。

25 钩至第45行剩下约10针的位置。

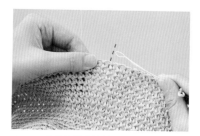

26 将钩织结束的针脚和定型条环的弯折位置对齐，留出需要扭拧的长度后剪断定型条，按步骤 **14～19** 制作环。

27 钩到第 45 行的最后一针时，将针插入第 44 行的最后一针和定型条的环内。

28 钩织短针。

钩织边缘（46 行）

29 图为反面的状态。

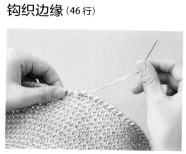

30 第 46 行是用逆短针钩织边缘。处理线头后完成钩织。

钩织完成后的整形方法

31 为了让钩织针脚更加整齐，稍离开帽子一定距离，用蒸汽熨斗喷雾熨烫整体。

32 整理成喜欢的外形。

33 整理好外形后完成帽子的立体。
※ 帽带的制作方法请参考 p.69。

想要保持帽子的外形，可以在用熨斗喷雾熨烫后，用棉草线专用的定型喷雾喷在帽子上后待其干透即可。
※ 上文中介绍的这款帽子不需要。

作品的制作方法

01 变形帽檐帽 ▶ P.7

[线] 和麻纳卡 eco ANDARIA 棉草线 米色 (23) 110g

[针] 5/0 号钩针、缝合针

[其他] 定型条 3m、热收缩管 12cm

[密度] 短针钩织 18 针 × 20 行 =10cm × 10cm

[完成尺寸] 参考图解

[制作方法]

① 钩织帽冠。在起针的环内钩 7 针短针，加针钩织短针至第 36 行。

② 钩织帽檐。第 37～38 行加针钩织短针，第 39～42 行钩织中长针和短针。第 43～48 行加针钩织短针。在第 43 行、47 行、48 行分别包入定型条进行钩织。第 49 行钩织逆短针（包入定型条的钩织方法请参考 P.50）。

③ 钩织帽绳。钩织 320 针（170cm）锁针。在钩织图解指定的 5 处位置钩织穿绳孔，穿入 2 次绳，在后侧打蝴蝶结（请参考下方穿绳孔的位置）。

④ 用蒸汽熨斗喷雾整形。

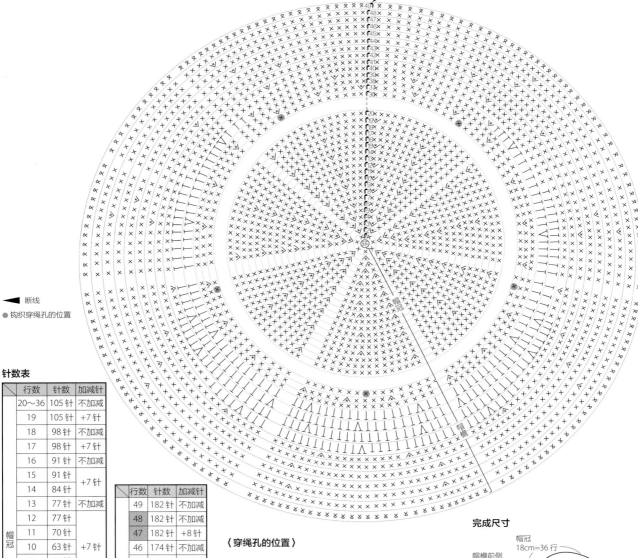

▶ 断线

● 钩织穿绳孔的位置

针数表

	行数	针数	加减针
帽冠	20～36	105 针	不加减
	19	105 针	+7 针
	18	98 针	不加减
	17	98 针	+7 针
	16	91 针	不加减
	15	91 针	+7 针
	14	84 针	
	13	77 针	不加减
	12	77 针	
	11	70 针	+7 针
	10	63 针	+7 针
	9	56 针	
	8	49 针	
	7	42 针	不加减
	6	42 针	
	5	35 针	
	4	28 针	+7 针
	3	21 针	
	2	14 针	
	1	7 针	

	行数	针数	加减针
帽檐	49	182 针	不加减
	48	182 针	不加减
	47	182 针	+8 针
	46	174 针	不加减
	45	174 针	+8 针
	44	166 针	不加减
	43	166 针	+12 针
	42	154 针	+3 针
	41	151 针	+8 针
	40	143 针	+5 针
	39	138 针	+12 针
	38	126 针	不加减
	37	126 针	+21 针

〈穿绳孔的位置〉

〈穿绳孔〉

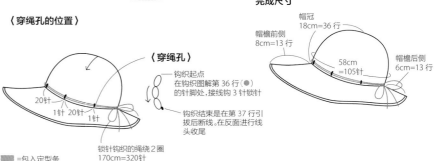

20 针
1 针 20 针 1 针

钩织起点
在钩织图解第 36 行（●）的针脚处，接线钩 3 针锁针

钩织结束是在第 37 行引拔后断线。在反面进行线头收尾

锁针钩织的绳绕 2 圈
170cm=320 针

▨ =包入定型条

完成尺寸

帽冠
18cm=36 行

帽檐前侧
8cm=13 行

帽檐后侧
6cm=13 行

58cm
=105 针

02 花样钩编帽檐帽 ▶ P.8

[线]和麻纳卡 eco ANDARIA 棉草线 米色(23)110g
[针]6/0 号钩针、缝合针
[其他]记号扣
[密度]短针钩织 16 针 ×18.5 行 =10cm×10cm
[完成尺寸]参考图解

[制作方法]
① 钩织帽冠。在环内钩6针短针。从第2行开始不钩起立针，加针钩织至第34行。
② 钩织帽檐。第35行、36行加针钩织。第37～44行按照钩织图解钩织。
③ 用蒸汽熨斗喷雾整形。

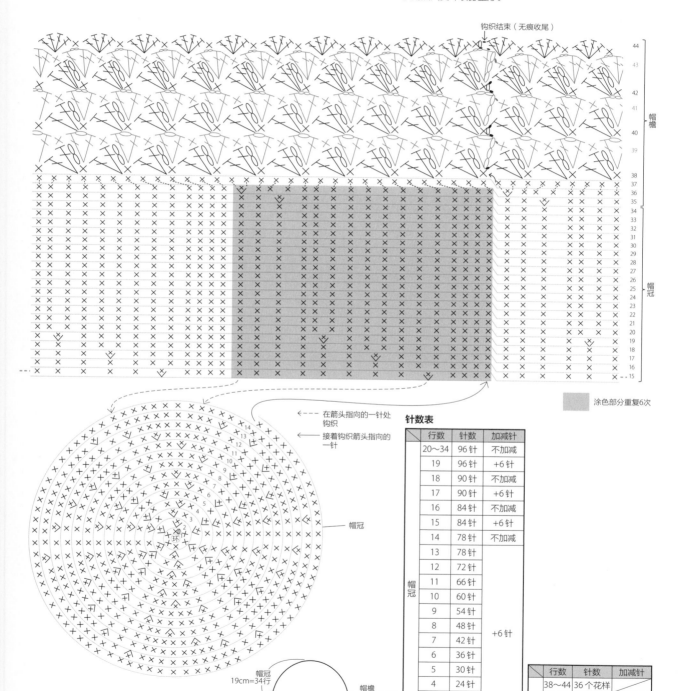

钩织结束（无痕收尾）

帽檐

帽冠

涂色部分重复6次

←--- 在箭头指向的一针处钩织
← 接着钩织箭头指向的一针

帽冠

针数表

	行数	针数	加减针
帽冠	20～34	96针	不加减
	19	96针	+6针
	18	90针	不加减
	17	90针	+6针
	16	84针	不加减
	15	84针	+6针
	14	78针	不加减
	13	78针	
	12	72针	
	11	66针	
	10	60针	
	9	54针	
	8	48针	+6针
	7	42针	
	6	36针	
	5	30针	
	4	24针	
	3	18针	
	2	12针	
	1	6针	

	行数	针数	加减针
帽檐	38～44	36 个花样	
	37	108针	不加减
	36	108针	+6针
	35	102针	+6针

帽冠
19cm=34行

帽檐
7cm=10行

58cm=96针

完成尺寸

花样钩编

03 包边贝雷帽 ▶ P.11

[线] 和麻纳卡 eco ANDARIA 棉草线 米色 (23) 110g
[针] 5/0 号钩针、缝合针、缝衣针
[其他] 合成革滚边带 (2.2cm×59cm, 黑色) 1 根、缝纫线 (黑色) 少许、粗缝线、记号扣
[密度] 短针钩织 19 针 ×18 行 =10cm×10cm
[完成尺寸] 参考图解

[制作方法]
① 钩织帽顶。在 2 针起针锁针内钩 6 针短针。从第 2 行开始不钩起立针,加针钩至第 30 行。
② 先用蒸汽熨斗熨烫整理一下外形。
③ 钩织帽身。第 31 行、32 行不加减针地钩织。从第 33 行开始减针钩至第 46 行。
④ 将滚边带夹在帽口 (第 45 行、46 行) 处,用疏缝 (假缝) 的方式缝合 (请参考下方包边的缝合方法)。
⑤ 用蒸汽熨斗喷雾整形。

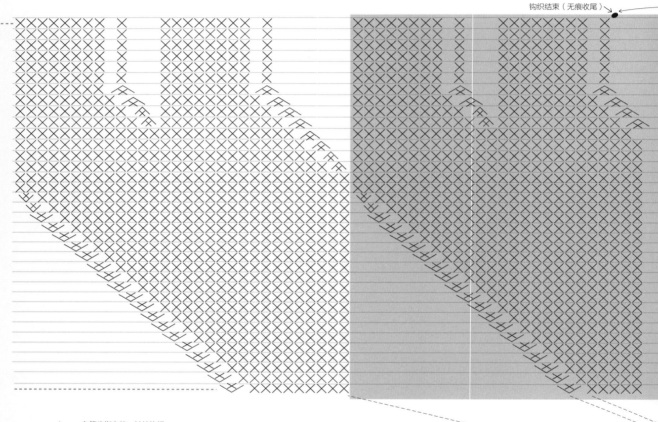

钩织结束 (无痕收尾)

←--- 在箭头指向的一针处钩织

←— 接着钩织箭头指向的一针

▨ 涂色部分重复6次

〈包边的缝合方法〉
① 对折滚边带,夹在帽口处 (第 45 行、46 行) 用粗缝线疏缝。
② 用回针缝缝合,最后将开头与结尾处重叠 1.5cm 左右缝在一起。

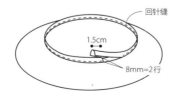

回针缝
1.5cm
8mm=2行

完成尺寸

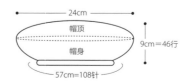

24cm
帽顶
帽身
9cm=46行
57cm=108针

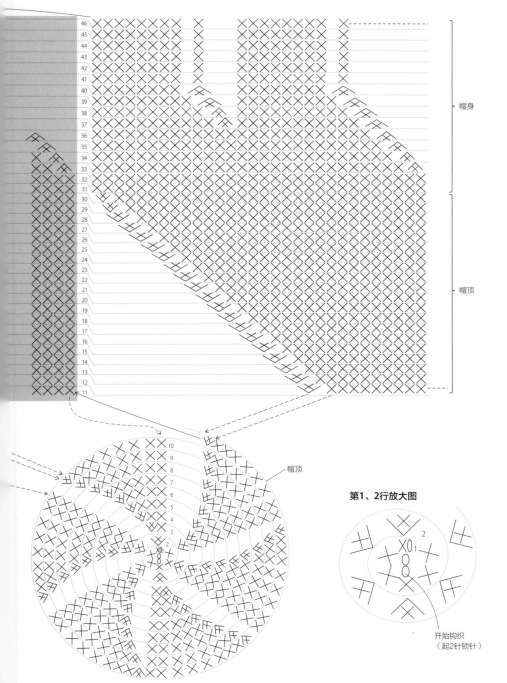

针数表

	行数	针数	加减针
帽身	41～46	108针	不加减
	40	108针	-12针
	39	120针	
	38	132针	
	37	144针	
	36	156针	-6针
	35	162针	
	34	168针	
	33	174针	
	31·32	180针	不加减
帽顶	30	180针	
	29	174针	
	28	168针	
	27	162针	
	26	156针	
	25	150针	
	24	144针	
	23	138针	
	22	132针	
	21	126针	
	20	120针	
	19	114针	
	18	108针	
	17	102针	
	16	96针	+6针
	15	90针	
	14	84针	
	13	78针	
	12	72针	
	11	66针	
	10	60针	
	9	54针	
	8	48针	
	7	42针	
	6	36针	
	5	30针	
	4	24针	
	3	18针	
	2	12针	
	1	6针	（从起针开始）

帽身

帽顶

帽顶

第1、2行放大图

开始钩织
（起2针锁针）

04 自然风工作帽 ▶ P.12

[线] 和麻纳卡 eco ANDARIA 棉草线 米色 (23) 70g

[针] 5/0 号钩针、缝合针、缝衣针

[其他] 麻布 (22cm×62cm)、缝纫线 (米色) 少许

[密度] 短针钩织 19 针 ×20 行 =10cm×10cm

[完成尺寸] 参考图示

[制作方法]
① 钩织帽顶。在起针的环内钩 7 针短针,加针钩至第 17 行。
② 钩织帽身。第 18 行是挑起上一行内侧的半个针脚钩短针的条纹针,不加减针地钩至第 35 行。
③ 钩织帽舌。在帽身第 35 行的第 48 针处接线,往返片钩至第 9 行。
④ 用蒸汽熨斗喷雾整形。
⑤ 用麻布制作头巾,形成褶皱后大约缝 5 处在帽子立体上 (请参考 P.57 头巾的制作方法)

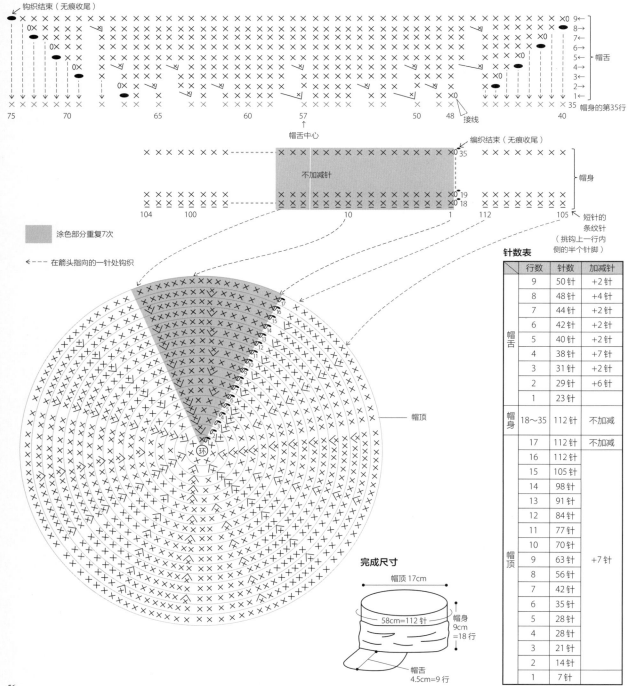

	行数	针数	加减针
帽舌	9	50针	+2针
	8	48针	+4针
	7	44针	+2针
	6	42针	+2针
	5	40针	+2针
	4	38针	+7针
	3	31针	+2针
	2	29针	+6针
	1	23针	
帽身	18~35	112针	不加减
帽顶	17	112针	不加减
	16	112针	+7针
	15	105针	
	14	98针	
	13	91针	
	12	84针	
	11	77针	
	10	70针	
	9	63针	
	8	56针	
	7	42针	
	6	35针	
	5	28针	
	4	28针	
	3	21针	
	2	14针	
	1	7针	

针数表

涂色部分重复7次

◀--- 在箭头指向的一针处钩织

钩织结束 (无痕收尾)

帽舌

帽舌中心

编织结束 (无痕收尾)

不加减针

短针的条纹针 (挑钩上一行内侧的半个针脚)

帽身

帽身的第35行

接线

环

帽顶

完成尺寸

帽顶 17cm

58cm=112针

帽身 9cm =18行

帽舌 4.5cm=9行

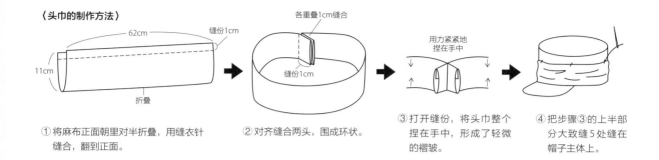

〈头巾的制作方法〉

62cm　缝份1cm

11cm

折叠

各重叠1cm缝合

缝份1cm

用力紧紧地
捏在手中

① 将麻布正面朝里对半折叠，用缝衣针
　缝合，翻到正面。

② 对齐缝合两头，围成环状。

③ 打开缝份，将头巾整个
　捏在手中，形成了轻微
　的褶皱。

④ 把步骤③的上半部
　分大致缝5处缝在
　帽子主体上。

05

06 童款

05、06 礼帽 ▶ P.14（钩织图解在 P.58、59）

05
[线] 和麻纳卡 eco ANDARIA 棉草线 米色 (23)95g
[针] 5/0 号钩针、缝合针
[其他] 定型条 9.3m、热收缩管 6cm、记号扣

06
[线] 和麻纳卡 eco ANDARIA 棉草线 米色 (23)70g
[针] 5/0 号钩针、缝合针
[其他] 定型条 7.4m、热收缩管 6cm、记号扣
[密度] 短针钩织 20 针 × 20 行 =10cm×10cm
[完成尺寸] 参考图示

[制作方法]
① 钩织帽顶。在 6 针锁针起针处钩 14 针短针。从第 2 行
　开始包入定型条加针钩织，作品 05 和 06 分别钩至第
　12 行和第 11 行（包入定型条的钩织方法请参考 P.50）。
② 钩织帽身。作品 05 和 06 分别钩第 13～37 行和第
　12～31 行。作品 05 和 06 分别在钩至第 24 行和第 21
　行时包入定型条钩织。
③ 钩织帽檐。作品 05 和 06 分别加针钩第 38～45 行和
　第 32～37 行。
④ 钩织帽绳。作品 05 和 06 分别剪 6 根 120cm 和 100cm
　的线，用双股线编辫子，分别制作成 95cm 和 75cm
　的帽绳。
⑤ 用蒸汽熨斗喷雾整形（请参考整形方法），缝合帽绳（请
　参考帽绳的组装方法）。

〈整形方法〉

① 用蒸汽熨斗喷雾，将帽顶和靠前的
　两侧压凹下去。

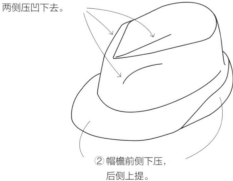

② 帽檐前侧下压，
　后侧上提。

完成尺寸

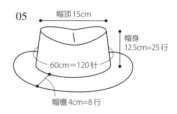

05　帽顶15cm
帽身
12.5cm=25 行
60cm=120 针
帽檐4cm=8 行

06　帽顶14cm
帽身
10cm=20 行
52.5cm
=105 针
帽檐3cm=6 行

〈帽绳的组装方法〉

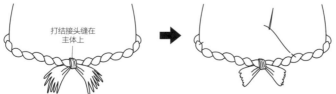

打结接头缝在
主体上

① 将帽绳在帽身上绕一圈，在打结重
　叠处用棉草线缝在主体上。解开帽
　绳前端的辫子。

② 将帽绳的前端剪至自己喜欢的长
　度。将帽绳的上半部分用棉草线缝
　5 处在主体上。

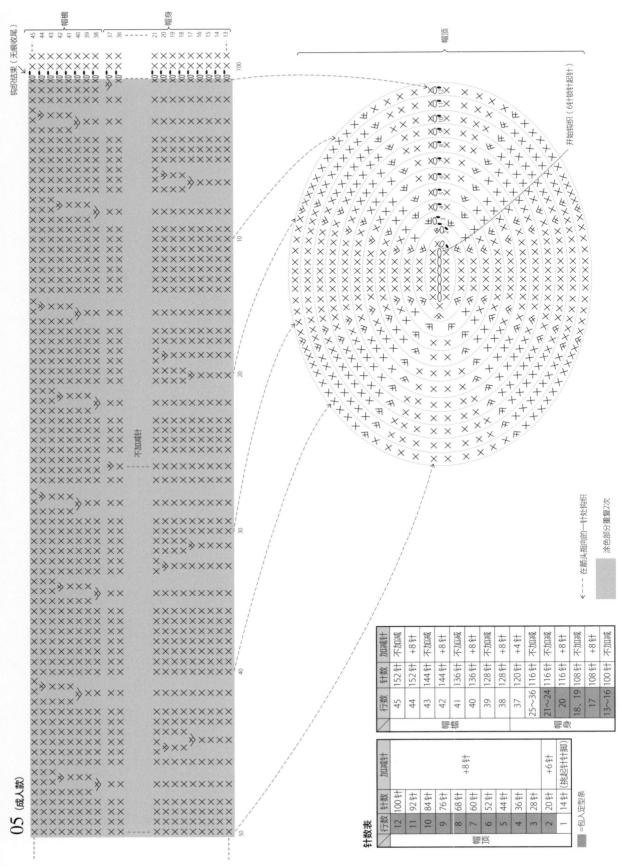

05（成人款）

钩织结束（无痕收尾）

帽檐 45 44 43 42 41 40 39 38
37 36
帽身 21 20 19 18 17 16 15 14 13

100

10

20

不加减针

30

40

50

帽顶

开始钩织（6针锁针起针）

在箭头指向的一针处钩织

涂色部分重复2次

针数表

	行数	针数	加减针
帽檐	45	152 针	不加减
	44	152 针	+8针
	43	144 针	不加减
	42	144 针	+8针
	41	136 针	不加减
	40	136 针	+8针
	39	128 针	不加减
	38	128 针	+8针
	37	120 针	+4针
帽身	25～36	116 针	不加减
	21～24	116 针	不加减
	20	116 针	+8针
	18、19	108 针	不加减
	17	108 针	+8针
	13～16	100 针	不加减

针数表

	行数	针数	加减针
帽顶	12	100 针	
	11	92 针	
	10	84 针	
	9	76 针	+8针
	8	68 针	
	7	60 针	
	6	52 针	
	5	44 针	
	4	36 针	
	3	28 针	+6针
	2	20 针	
	1	14 针（挑起1针脚）	

■=包入定型条

58

06 (童款)

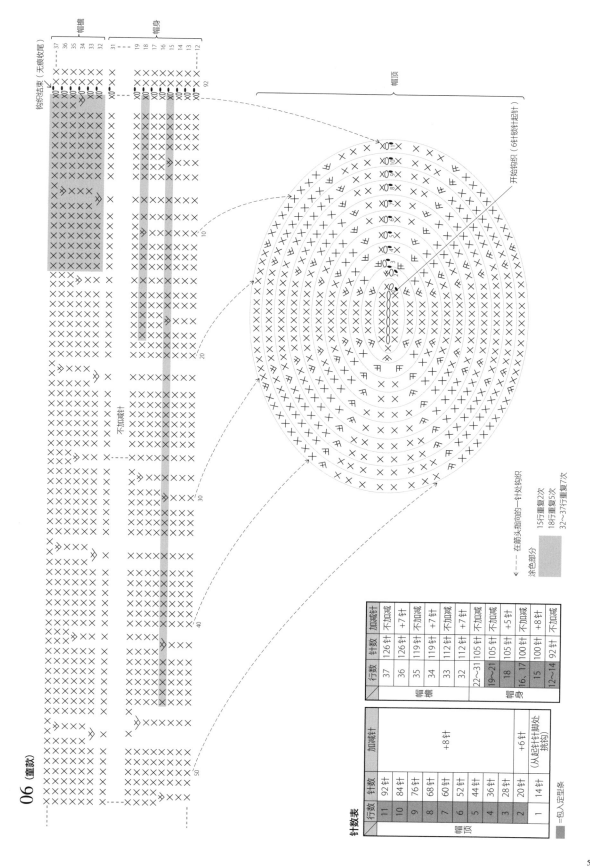

帽檐

帽身

钩织结束（无痕收尾）

37 36 35 34 33 32

31 19 18 17 16 15 14 13 12

92

帽顶

开始钩织（6针锁针起针）

不加减针

10

20

30

40

50

←---- 在箭头指向的一针处钩织

15行重复2次
18行重复5次
32~37行重复7次

涂色部分

行数	针数	加减针
37	126针	不加减
36	126针	+7针
35	119针	不加减
34	119针	+7针
33	112针	不加减
32	112针	+7针
22~31	105针	不加减
19~21	105针	不加减
16、17	105针	+5针
18	100针	不加减
15	100针	+8针
12~14	92针	不加减

帽檐

帽身

针数表

行数	针数	加减针
11	92针	
10	84针	
9	76针	
8	68针	+8针
7	60针	
6	52针	
5	44针	
4	36针	
3	28针	
2	20针	+6针
1	14针	（从起针针脚处挑钩）

帽顶

=包入定型条

=包入定型条

07 花样钩编发带 ▶ P.15

[线] 和麻纳卡 eco ANDARIA 棉草线 米色 (23)15g

[针] 4/0 号钩针、缝衣针、缝合针

[其他] 发绳 (24cm，黑色) 2根、罗缎丝带 (宽 1cm，黑色) 2.5cm×2根、缝纫线 (黑色) 少许、手工胶水

[完成尺寸] 参考图示

[制作方法]

① 钩 81 针锁针起针，片钩 4 行花样。另一侧按图解接线同样地钩织。

② 将发绳缝在织物上 (请参考下方发绳的组装方法)。

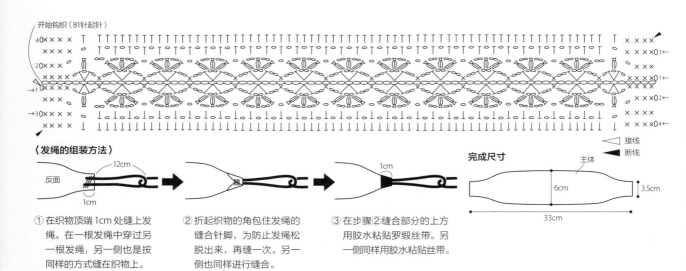

〈发绳的组装方法〉

① 在织物顶端 1cm 处缝上发绳。在一根发绳中穿过另一根发绳，另一侧也是按同样的方式缝在织物上。

② 折起织物的角包住发绳的缝合针脚，为防止发绳松脱出来，再缝一次。另一侧也同样进行缝合。

③ 在步骤②缝合部分的上方用胶水粘贴罗缎丝带。另一侧同样用胶水粘贴丝带。

完成尺寸

接线
断线

6cm   3.5cm
33cm

08 曲牙边发圈 ▶ P.15

[线] 和麻纳卡 eco ANDARIA 棉草线 米色 (23)15g

[针] 7/0 号钩针、缝合针、缝衣针

[其他] 扁橡皮筋 (宽 8mm，黑色)19cm、缝纫线 (黑色) 少许、

[完成尺寸] 参考图示

[制作方法]

① 钩 65 针锁针起针，钩 2 行花样。

② 将扁橡皮筋缝在织物上 (请参考下方橡皮筋的组装方法)。

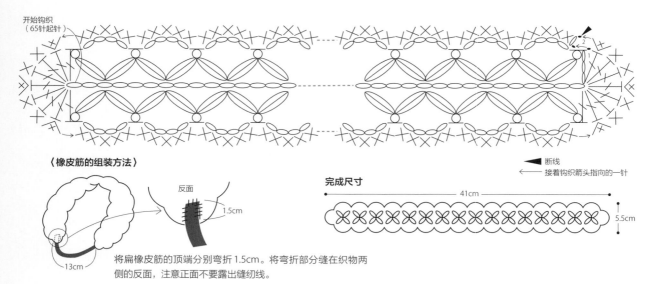

▬ 断线
← 接着钩织箭头指向的一针

〈橡皮筋的组装方法〉

反面
1.5cm

13cm

将扁橡皮筋的顶端分别弯折 1.5cm。将弯折部分缝在织物两侧的反面，注意正面不要露出缝纫线。

完成尺寸

41cm
5.5cm

09 宽丝带带檐帽 ▶ P.16

[线] 和麻纳卡 eco ANDARIA 棉草线 米色 (23)90g

[针] 6/0 号钩针、缝合针、缝衣针

[其他] 定型条 1.8m、热收缩管 12cm、罗缎丝带 (宽 5cm，黑色)1.6m、缝纫线 (黑色)少许

[密度] 短针钩织 17 针 × 20 行 =10cm × 10cm

[完成尺寸] 参考图示

[制作方法]

※ 往返片钩。

① 钩织帽冠。在起针的环内钩 7 针短针，第 2～14 行加针钩织短针。第 15～21 行按花样进行钩织。第 22～28 行加入开叉进行钩织。

② 钩织帽檐。第 29～36 行按图解钩织花样。第 33 行包入定型条 (请参考包入定型条的钩织方法 P.50)。

③ 钩织边缘，包入定型条钩织，从开叉处钩织短针。

④ 用蒸汽熨斗喷雾整形。

⑤ 将丝带缝在帽子上 (请参考安装丝带的方法)。

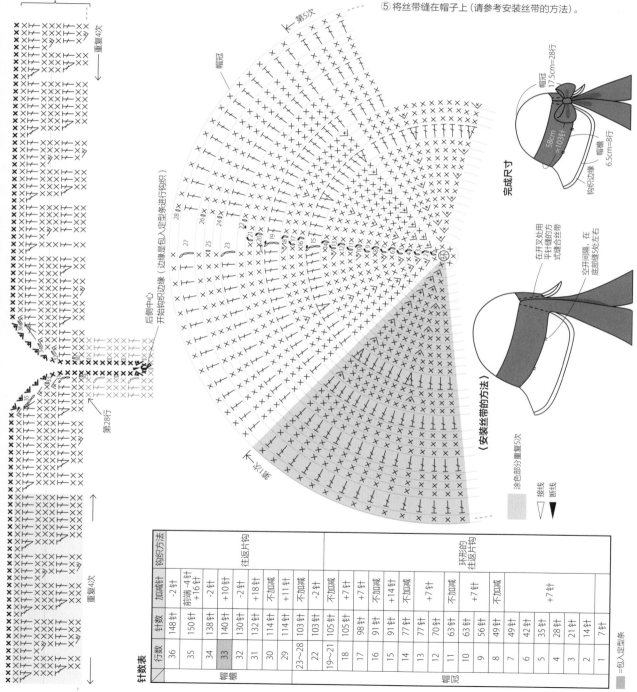

完成尺寸

〈安装丝带的方法〉

涂色部分重复5次

| | 接线 ▽ | 断线 ▼ |

针数表

行数		针数	加减针	钩织方法
36		148针	-2针	往返片钩
35		150针	前端-4针 +16针	
34		138针	-2针	
33		140针	+10针	
32		130针	-2针	
31		132针	+18针	
30		114针	不加减	
29		114针	+11针	
23～28		103针	不加减	
22		103针	-2针	
19～21		105针	不加减	环形的往返片钩
18		105针	+7针	
17		98针	+7针	
16		91针	不加减	
15		91针	+14针	
14		77针	不加减	
13		77针	+7针	
12		70针	不加减	
11		63针	+7针	
10		56针	不加减	
9		56针	+7针	
8		49针	不加减	
7		49针	+7针	
6		42针	+7针	
5		35针	+7针	
4		28针	+7针	
3		21针	+7针	
2		14针	+7针	
1		7针		

=包入定型条

帽檐 / 帽冠

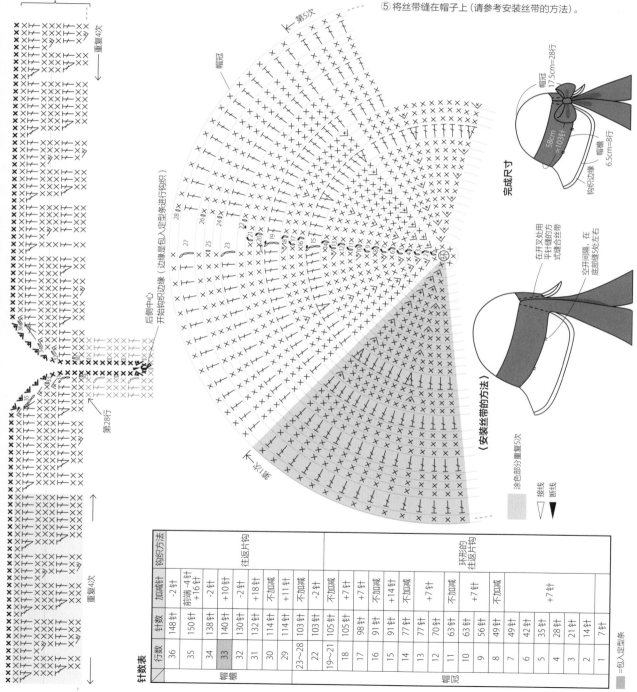

10 5cm 带檐帽 ▶ P.18

[线] 和麻纳卡 eco ANDARIA 棉草线 米色 (23)90g
[针] 6/0 号钩针、缝合针、缝衣针
[其他] 蜡绳(直径约 1.8mm)1.6m、缝纫线 (茶色) 少许、记号扣
[密度] 短针钩织 16 针 × 18.5 行 =10cm × 10cm
[完成尺寸] 参考图示

[制作方法]
① 钩织帽冠。在起针的环内钩 6 针短针。从第 2 行开始不钩起立针,加针钩至第 34 行。
② 钩织帽檐。第 35~40 行加针钩织短针,第 41~44 行按图解钩织。
③ 在指定位置上钩 5 针锁针制作穿绳孔(请参考下方安装穿绳孔)。
④ 蜡绳对半折,如图所示缝合(请参考下方安装装饰绳的方法)。
⑤ 用蒸汽熨斗喷雾整形。

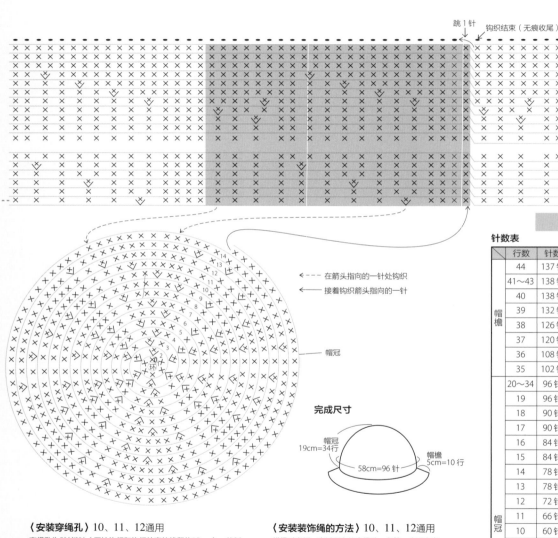

跳 1 针　钩织结束 (无痕收尾)

帽檐
帽冠

涂色部分重复6次

← - - - 在箭头指向的一针处钩织
←　　　接着钩织箭头指向的一针

帽冠

完成尺寸

帽冠
19cm=34行

帽檐
5cm=10 行

58cm=96 针

针数表

	行数	针数	加减针
帽檐	44	137 针	-1 针
	41~43	138 针	不加减
	40	138 针	+6 针
	39	132 针	+6 针
	38	126 针	+6 针
	37	120 针	+12 针
	36	108 针	+6 针
	35	102 针	+6 针
帽冠	20~34	96 针	不加减
	19	96 针	+6 针
	18	90 针	不加减
	17	90 针	+6 针
	16	84 针	不加减
	15	84 针	+6 针
	14	78 针	不加减
	13	78 针	
	12	72 针	
	11	66 针	
	10	60 针	
	9	54 针	
	8	48 针	
	7	42 针	+6 针
	6	36 针	
	5	30 针	
	4	24 针	
	3	18 针	
	2	12 针	
	1	6 针	

〈安装穿绳孔〉10、11、12 通用
穿绳孔为5针锁针(开始钩织和钩织结束的线留约15cm),共制作4个穿绳孔。在下图中(●)的位置上,包住33、34行,在反面打结固定。另一侧也按同样方式安装,在反面收尾。

第34行编织结束

12针　24针

〈安装装饰绳的方法〉10、11、12 通用
蜡绳对半折,穿过所有的穿绳孔。在第一个环内穿入线头(2根),用缝纫线将绳和主体缝合起来。

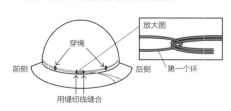

放大图

穿绳

前侧　后侧　第一个环

用缝纫线缝合

11 8cm 带檐帽 ▶P.18

[线] 和麻纳卡 eco ANDARIA 棉草线 米色 (23)110g
[针] 6/0 号钩针、缝合针、缝衣针
[其他] 蜡绳 (直径约 1.8mm)1.6m、缝纫线 (茶色) 少许、记号扣
[密度] 短针钩织 16 针 ×18.5 行 =10cm×10cm
[完成尺寸] 参考图示

[制作方法]
① 钩织帽冠。在起针的环内钩 6 针短针。从第 2 行开始不钩起立针,加针钩至第 34 行。
② 钩织帽檐。第 35~45 行加针钩织短针,第 46~49 行按图解钩织。
③ 钩 5 针锁针制作穿绳孔,装在指定位置上 (请参考 P.62 安装穿绳孔的位置)。
④ 蜡绳对半折,如图所示缝合 (请参考 P.62 安装装饰绳的方法)。
⑤ 用蒸汽熨斗喷雾整形。

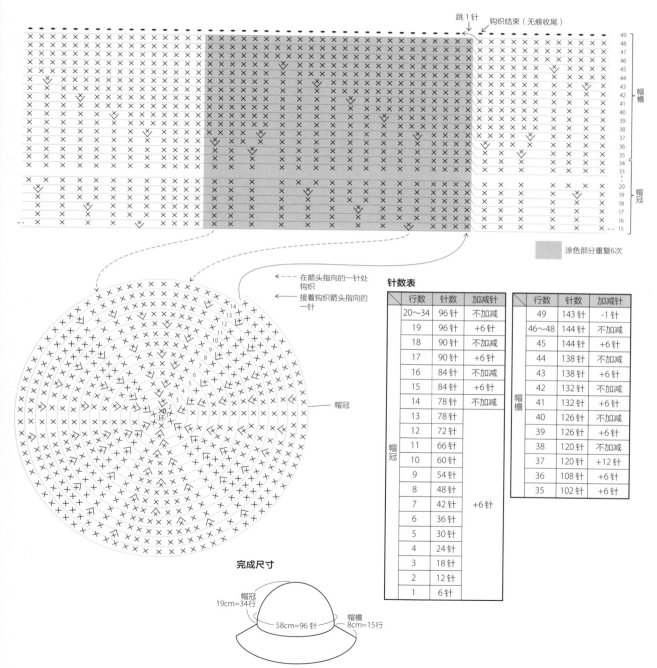

针数表

行数	针数	加减针
20~34	96 针	不加减
19	96 针	+6 针
18	90 针	不加减
17	90 针	+6 针
16	84 针	不加减
15	84 针	+6 针
14	78 针	不加减
13	78 针	
12	72 针	
11	66 针	
10	60 针	
9	54 针	
8	48 针	+6 针
7	42 针	
6	36 针	
5	30 针	
4	24 针	
3	18 针	
2	12 针	
1	6 针	

帽冠

行数	针数	加减针
49	143 针	-1 针
46~48	144 针	不加减
45	144 针	+6 针
44	138 针	不加减
43	138 针	+6 针
42	132 针	不加减
41	132 针	+6 针
40	126 针	不加减
39	126 针	+6 针
38	120 针	不加减
37	120 针	+12 针
36	108 针	+6 针
35	102 针	+6 针

帽檐

完成尺寸

帽冠 19cm=34行
58cm=96 针
帽檐 8cm=15行

12 12cm 带檐帽 ▶ P.19

【线】和麻纳卡 eco ANDARIA 棉草线 米色 (23)150g

【针】6/0 号钩针、缝合针、缝衣针

【其他】蜡绳(直径约 1.8mm)1.6m、缝纫线(茶色)少许、记号扣

【密度】短针钩织 16 针 × 18.5 行 =10cm × 10cm

【完成尺寸】参考图示

【制作方法】

① 钩织帽冠。在起针的环内钩 6 针短针。从第 2 行开始不钩起立针,加针钩至第 34 行。

② 钩织帽檐。第 35~53 行钩加针短针,第 54~57 行按图解钩织。

③ 钩 5 针锁针制作穿绳孔,安装在指定位置上(请参考 P.62 安装穿绳孔)。

④ 蜡绳对半折,如图所示缝合(请参考 P.62 安装装饰绳的方法)。

⑤ 用蒸汽熨斗喷雾整形。

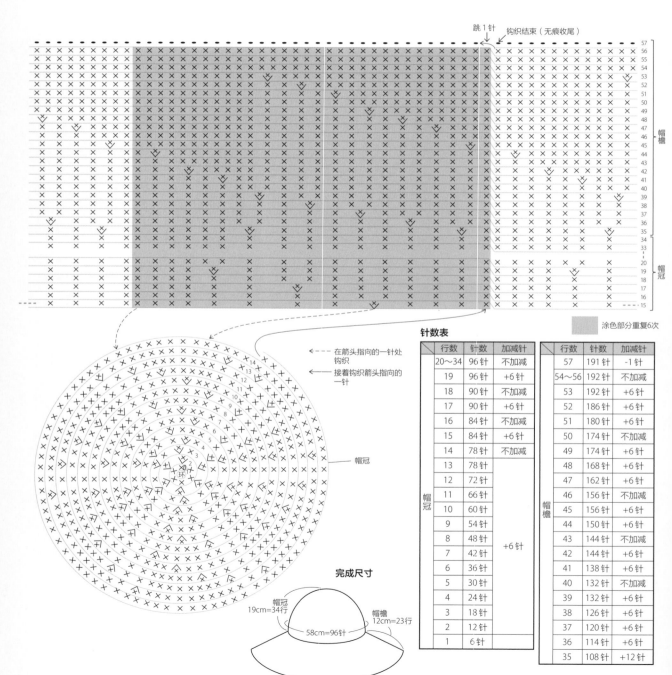

涂色部分重复 6 次

针数表

行数	针数	加减针
20~34	96 针	不加减
19	96 针	+6 针
18	90 针	不加减
17	90 针	+6 针
16	84 针	不加减
15	84 针	+6 针
14	78 针	不加减
13	78 针	
12	72 针	
11	66 针	
10	60 针	
9	54 针	
8	48 针	+6 针
7	42 针	
6	36 针	
5	30 针	
4	24 针	
3	18 针	
2	12 针	
1	6 针	

帽冠

行数	针数	加减针
57	191 针	-1 针
54~56	192 针	不加减
53	192 针	+6 针
52	186 针	+6 针
51	180 针	+6 针
50	174 针	不加减
49	174 针	+6 针
48	168 针	+6 针
47	162 针	+6 针
46	156 针	不加减
45	156 针	+6 针
44	150 针	+6 针
43	144 针	不加减
42	144 针	+6 针
41	138 针	+6 针
40	132 针	不加减
39	132 针	+6 针
38	126 针	+6 针
37	120 针	+6 针
36	114 针	+6 针
35	108 针	+12 针

帽檐

←--- 在箭头指向的一针处钩织

← 接着钩织箭头指向的一针

帽冠

跳 1 针　钩织结束(无痕收尾)

完成尺寸

帽冠 19cm=34 行

帽檐 12cm=23 行

58cm=96 针

13 针织球和木珠短挂钩发饰 ▶ P.21

[线] 和麻纳卡 eco ANDARIA 棉草线 米色 (23) 1g

[针] 2/0 号钩针、缝合针

[其他] 圆木珠 (10mm，黑色) 2 颗、圆木珠 (10mm，金色) 1 颗、镂空珠 (10mm，金色) 1 颗、雏菊 (直径 4mm，复古金) 6 个、T 字针 (0.7mm 粗 × 30mm，复古金) 6 根、圆形开口圈 (0.8mm 粗 × 5mm，复古金) 3 个、1 个小挂钩 (带杆)、棉花少许、圆嘴钳、剪钳

[完成尺寸] 直径 6.5cm

[制作方法]

※ 将剪下的 2m 线纵向对半劈开，用单根线来钩织。

① 钩 2 个针织球。在起针的环内钩 6 针短针，按照图解钩织。钩完后留 20cm 断线。

② 在步骤①中塞入棉花，将留出的线穿入缝合针，挑起最后一行的针脚，收口，让线收尾不要松脱。

③ 在各部件的底部叠放雏菊，插入 T 字针，用圆嘴钳圈起顶部 (请参考下方 T 字针的圈起方法)。

④ 将 3 个配件分别连接在 2 个圆形开口圈上。

⑤ 在小挂钩配件的杆处，将步骤④所留下未完成的圆形开口圈部分用圆嘴钳连接起来 (请参考下方圆形开口圈的连接方法)。

[针织球钩织图] ×2

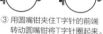

针数表

行数	针数	加减针
5	6 针	-6 针
3、4	12 针	不加减
2	12 针	+6 针
1	6 针	

〈T 字针的圈起方法〉

T 字针

配件

雏菊

① 用剪钳剪到 7～8mm

不留缝隙　稍稍重叠地圈起

② 用剪钳夹住 T 字针的前端。

③ 用圆嘴钳夹住 T 字针的前端转动圆嘴钳将 T 字针圈起来。

④ 用圆嘴钳的前端捏住底部将圆圈调正。

〈圆形开口圈的连接方法〉

待各配件穿入圆形开口圈后，将其与小挂钩相连，如下图所示。

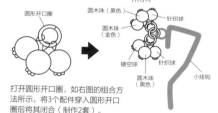

圆形开口圈

圆木珠 (黑色)

针织球

圆木珠 (金色)

镂空球

针织球

圆木珠 (黑色)

小挂钩

打开圆形开口圈，如右图的组合方法所示，将 3 个配件穿入圆形开口圈后将其闭合 (制作 2 套)。

14 彩珠和圆形花片短挂钩发饰 ▶ P.21

[线] 和麻纳卡 eco ANDARIA 棉草线 米色 (23) 1g

[针] 4/0 号钩针、缝合针、缝衣针

[其他] 彩珠 (直径 1.6cm) 1 颗、小挂钩 (粘贴款) 1 个、缝纫线 (黑色)、强力胶

[完成尺寸] 参考图示

[制作方法]

① 钩织圆形花片。在起针环处钩 5 针短针，按照图解钩织。

② 将彩珠放在步骤①的中心，用缝合线缝合。

③ 在步骤②的反面涂上强力胶，粘贴小挂钩。

[圆形花片编织图]

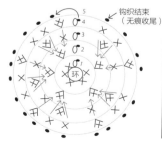

5
钩织结束 (无痕收尾)

针数表

行数	针数	加减针
5	20 针	不加减
4	20 针	
3	15 针	+5 针
2	10 针	
1	5 针	

※第 4 行包住第 3 行，在第 2 行箭头指向的一针处进行钩织。

⟵ 在箭头指向的一针处钩织

⟵ 接着钩织箭头指向的一针

完成尺寸

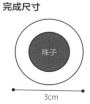

珠子

3cm

15 雏菊短挂钩发饰 ▶ P.21

【线】和麻纳卡 eco ANDARIA 棉草线 米色 (23)3g
【针】4/0 号钩针、缝合针、缝衣针
【其他】哑光珍珠 (5mm，灰色) 16 颗、短挂钩 (粘贴款) 1 个、强力胶、缝衣线 (茶色) 少许
【完成尺寸】参考图示

【制作方法】
① 钩织花芯。在起针的环内钩 6 针短针，按钩织图解钩织。
② 准备 48 根长度 8cm 的线制作流苏。
③ 安装流苏。在花芯最后一行外侧的半个针脚和内侧的半个针脚上共安装 48 根 (请参考下方安装流苏的方法)。
④ 将蒸汽熨斗对准步骤③的流苏，使其像花瓣一样撑开，将长度剪成齐整的 2.5cm。
⑤ 用缝纫线将珍珠缝在花芯上 (请参考下方珠子分布图)。
⑥ 在花芯反面涂抹强力胶，粘上短挂钩。

[花芯编织图]

断线

针数表

行数	针数	加减针
2	12针	+6针
1	6针	

〈安装流苏的方法〉

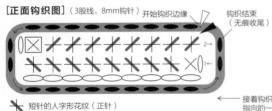

① 将针插入花芯最后一行内侧的半个针脚，把 2 根对半折的流苏线挂在针上。

② 将流苏带出一部分。按箭头所示方向把 4 根线头一并穿入线圈内，引拔带出线头，收紧线圈。待所有内侧的半个针脚都安装了流苏后，再同样在外侧的半个针脚上安装流苏。

〈珠子分布图〉
外侧10颗
内侧5颗
中心1颗

〈完成尺寸〉

6.5 cm

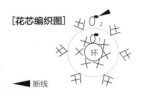

16 人字形花纹弹簧发夹 ▶ P.21

【线】和麻纳卡 eco ANDARIA 棉草线 米色 (23)12g
【针】6/0 号钩针、8mm 钩针、缝合针
【其他】弹簧发夹 (宽 7mm) 1 个
【完成尺寸】参考图示

【制作方法】
① 钩织反面。单股线用 6/0 号钩针钩织。起 16 针锁针，加针钩 2 行短针。
② 钩织正面。三股线用 8mm 的钩针钩织。起 9 针锁针，钩 2 行人字形花纹。
③ 将反面花片和正面花片正面朝外对齐。改用单股线、6/0 号钩针从反面引拔缝合固定 (请参考下方完成方法)。
④ 用单股线钩织边缘。
⑤ 将弹簧发夹放在反面的中心，用大号缝合针缝合。

[正面钩织图] (3股线，8mm钩针)

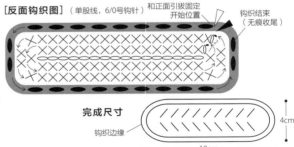

开始钩织边缘 / 钩织结束 (无痕收尾)

接着钩织箭头指向的一针

2→
1→

[反面钩织图] (单股线，6/0号钩针) 和正面引拔固定 开始位置 / 钩织结束 (无痕收尾)

✕ 短针的人字形花纹 (正针)
✕ 短针的人字形花纹 (反针)
☒ 短针 (反针)

← 接着钩织箭头指向的一针
◁ 接线
◀ 断线

完成尺寸

钩织边缘

4cm
10cm

〈完成方法 (引拔缝合)〉

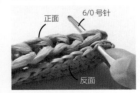

正面
反面
6/0号针

01 将反面和正面重叠，正面朝外对齐，分别在第 2 行的第 1 针处入针。

跳过反面的1针

02 接线，进行引拔缝合。引拔缝合的第 2 针是在反面的第 3 针、正面的第 2 针处入针。

引拔缝合的第1针

03 挂线，进行引拔缝合。只在反面跳过 1 针短针进行引拔缝合。侧面按钩织图解不需要跳过 1 针直接钩织。

反面

04 按照图解引拔缝合 22 针。

〈人字形花纹的钩织方法〉※ 为便于理解用单股线进行演示（实际为 3 股线）

01 挑起第 1 针锁针起立针的里山钩织 1 针短针。

02 第 2 针是在步骤 01 所标记的第 1 针短针左侧的 1 个针脚处从正面插针。

03 在起针的里山入针，在针上挂线从反面引拔带线。

04 在针上挂线，引拔带出针上挂着的 3 个线圈。

05 钩织完 1 针人字形花纹正针的样子。

06 重复步骤 02～04 完成第 1 行人字形花纹。

07 第 2 行是钩 1 针锁针起立针，将织物向前翻转，在织物的另一侧从上一行针脚的顶部 2 根线处入针。

08 如箭头所示方向在针上挂线引拔带出。此处和通常的挂线方法不同，所以请注意。

09 挂线，引拔针上挂着的 2 个线圈带出。第 1 针短针的反针钩织完成后的样子（从正面看的样子）。

10 第 2 针，从织物的另一侧开始，在步骤 09 标记短针的 1 根反针针脚（左侧的 1 根）和上一行针脚的顶部入针。

11 按步骤 08 中同样的方向转动钩针，挂线后将线从上一行的针脚处引拔带出。

12 在针上挂线，引拔带出针上挂的 3 个线圈。

13 钩织完人字形花纹反针后的样子。

14 重复步骤 10～12，完成了第 2 行的人字形花纹反针（从正面看的样子）。

17 花样钩编弹簧发夹 ▶ P.21

[线] 和麻纳卡 eco ANDARIA 棉草线 米色（23）8g
[针] 6/0 号钩针、缝合针
[其他] 弹簧发夹（宽 7mm）1 个
[完成尺寸] 参考图示

[制作方法]
① 钩织反面。起 5 针锁针，钩织短针至第 20 行。
② 钩织正面。起 5 针锁针，钩织花样至第 14 行，不要断线。
③ 将反面花片和正面花片正面朝外对齐。用正面留下的线同时钩织 2 片的边缘。
④ 将弹簧发夹放在反面的中心，用缝合针缝合起来。

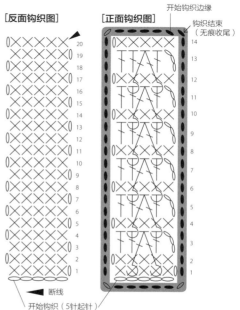

完成尺寸

3cm

11.5cm

67

18 皱巴款带檐帽 ▶ P.22

[线] 和麻纳卡 eco ANDARIA 棉草线 米色 (23) 110g

[针] 8/0号钩针、缝合针

[其他] 定型条 20m、热收缩管 6cm、记号扣

[密度] 短针钩织 15 针 × 16 行 =10cm × 10cm

[完成尺寸] 参考图示

[制作方法] ※ 参考 P.48~51

① 钩织帽顶。在起针的环内钩 6 针短针。第 2 行开始不钩起立针，加针钩至第 4 行。从第 5 行开始包入定型条钩至第 17 行。

② 钩织帽身。按照图解钩织第 18~37 行。

③ 钩织帽檐。按照图解钩织第 38~45 行。

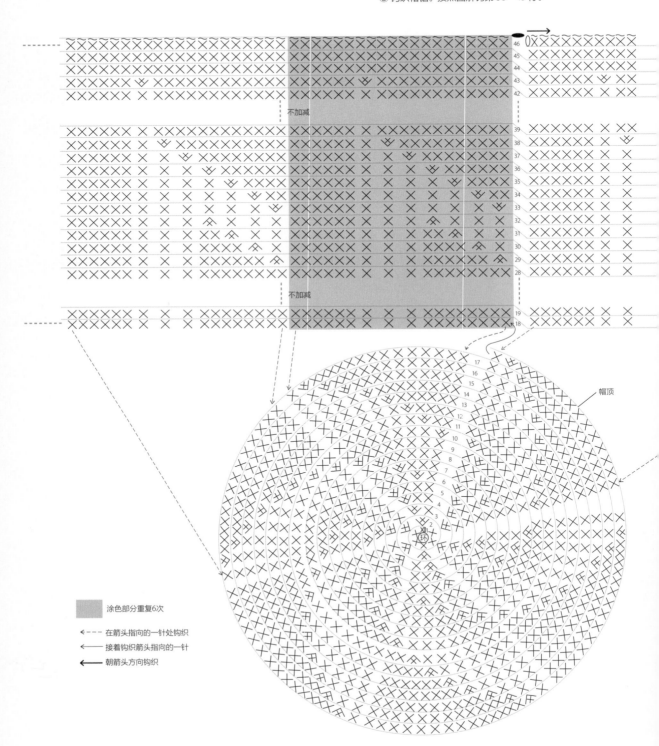

涂色部分重复6次

←--- 在箭头指向的一针处钩织

←—— 接着钩织箭头指向的一针

←—— 朝箭头方向钩织

④钩织边缘。钩起立针，钩织逆短针。

⑤用蒸汽熨斗熨烫针脚。

⑥将整体整理成喜欢的外形。

⑦按图解钩帽带，做成环缝在主体上（请参考下方帽带的组装方法）。

边缘编织

帽檐

帽身

针数表

	行数	针数	加减针
边缘钩织	46	120针	不加减
帽檐	44、45	120针	
	43	120针	+6针
	39～42	114针	不加减
	38	114针	
帽身	37	108针	+6针
	36	102针	
	35	96针	
	34	90针	
	33	84针	
	32	78针	-6针
	31	84针	
	30	90针	
	29	96针	
	18～28	102针	不加减
	17	102针	+6针
	16	96针	
	15	90针	
	14	84针	
	13	78针	
	12	72针	
	11	66针	
	10	60针	
帽顶	9	54针	
	8	48针	
	7	42针	
	6	36针	
	5	30针	
	4	24针	
	3	18针	
	2	12针	
	1	6针	

▬ =包入定型条

[帽带钩织图]

往返片钩73行。留15cm线头断线。

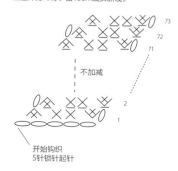

不加减

开始钩织
5针锁针起针

〈帽带的组装方法〉

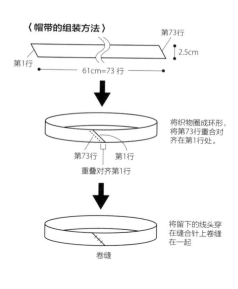

第73行

2.5cm

第1行

61cm=73 行

第73行　第1行

重叠对齐第1行

将织物圈成环形，将第73行重合对齐在第1行处。

卷缝

将留下的线头穿在缝合针上卷缝在一起

完成尺寸（整形之前）

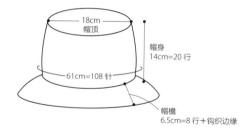

18cm
帽顶

帽身
14cm=20 行

61cm=108 针

帽檐
6.5cm=8 行＋钩织边缘

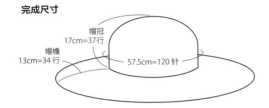

19 宽檐帽 ▶ P.24

[线] 和麻纳卡 eco ANDARIA 棉草线 米色 (23)190g
[针] 5/0 号钩针、缝合针
[其他] 定型条 7.3m、热收缩管 6cm、记号扣
[密度] 短针钩织 20 针 × 25 行 =10cm × 10cm
[完成尺寸] 参考图示

[制作方法]
① 钩织帽冠。在起针的环内钩 7 针短针，第 2 行开始不钩起立针，加针钩至第 37 行。
② 钩织帽檐。第 38～65 行加针并按图解进行钩织。第 66～71 行包入定型条进行钩织（包入定型条的钩织方法请参考 P.50）。
③ 用蒸汽熨斗喷雾整形。

针数表

	行数	针数	加减针
帽冠	35～37	120针	不加减
	34	120针	+4针
	23～33	116针	不加减
	22	116针	+4针
	18～21	112针	不加减
	17	112针	+7针
	16	105针	不加减
	15	105针	
	14	98针	
	13	91针	
	12	84针	
	11	77针	
	10	70针	+7针
	9	63针	
	8	56针	
	7	49针	
	6	42针	
	5	35针	
	4	28针	
	3	21针	
	2	14针	
	1	7针	

	行数	针数	加减针
帽檐	71	271针	-1针
	70	272针	+8针
	69	264针	不加减
	68	264针	+8针
	67	256针	不加减
	66	256针	+8针
	65	248针	不加减
	64	248针	+8针
	63	240针	不加减
	62	240针	+8针
	61	232针	不加减
	60	232针	+8针
	59	224针	不加减
	58	224针	+8针
	57	216针	不加减
	56	216针	+8针
	55	208针	不加减
	54	208针	+8针
	53	200针	不加减
	52	200针	+8针
	51	192针	不加减
	50	192针	+8针
	49	184针	不加减
	48	184针	+8针
	47	176针	不加减
	46	176针	+8针
	45	168针	不加减
	44	168针	+8针
	43	160针	
	42	152针	不加减
	41	152针	+8针
	40	144针	
	39	136针	
	38	128针	

■ =包入定型条

完成尺寸

帽冠 17cm=37行
帽檐 13cm=34行
57.5cm=120针

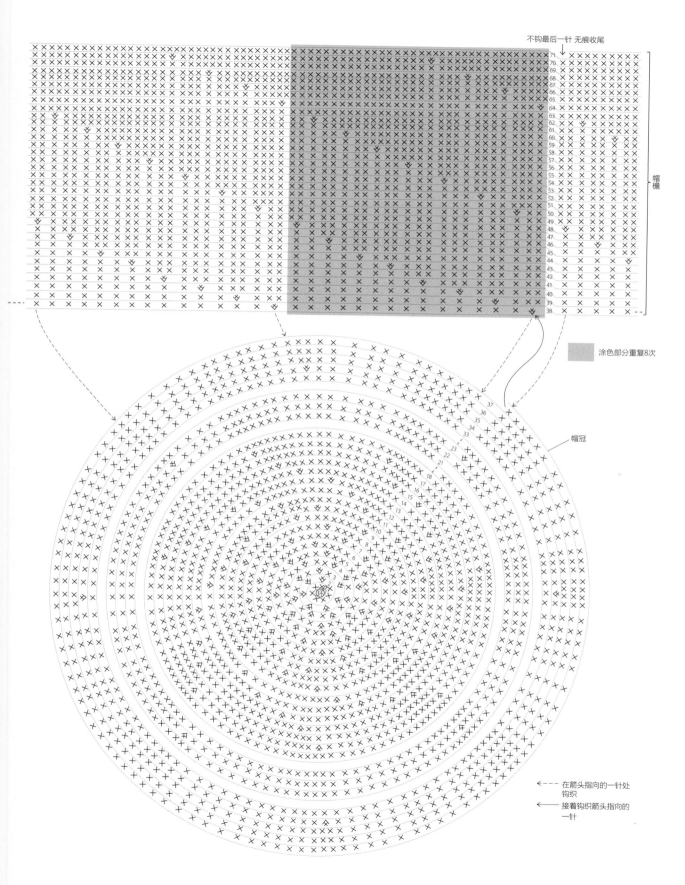

不钩最后一针 无痕收尾

71

涂色部分重复8次

帽檐

帽冠

- - - 在箭头指向的一针处
钩织

接着钩织箭头指向的
一针

20 流苏休闲帽 ▶ P.27

【线】和麻纳卡 eco ANDARIA 棉草线 米色 (23)160g
【针】6/0 号钩针、缝合针
【其他】记号扣
【密度】短针钩织 16 针 × 18.5 行 =10cm×10cm
【完成尺寸】参考图示

【制作方法】
※ 仅在图解灰色部分的第 49 行用双股线钩织。
① 钩织帽顶。在起针的环内钩 6 针短针。从第 2 行开始不钩起立针，加针钩至 34 行。
② 钩织帽檐。第 35～50 行按照图解进行钩织。(第 48～50 行请参考下方流苏的制作方法的步骤 01～10)。
③ 全部钩织好并将线头收尾后，剪开萝卜丝短针的线环制作流苏(请参考下方流苏的制作方法的步骤 11)。
④ 用蒸汽熨斗喷雾整形。

〈流苏的制作方法〉※ 第 48～50 行，外侧用灰色符号、内侧用黑色符号来表示。

01 待钩织完第 47 行后，钩织线先暂停不钩放在后侧。接入新线，在第 47 行短针内侧的半个针脚上钩图解第 48 行的灰色符号部分。

02 待钩完图解第 48 行灰色符号部分后，在第 1 针处引拔。再加入 1 根线，用双股线钩第 49 行的锁针起立针。

03 用双股线钩图解灰色符号部分的第 49 行 (萝卜丝短针)。线环的长度为 5～6cm。

04 待图解灰色符号部分的第 49 行钩织完后，在第 1 针处引拔。线改为单股线，钩第 50 行的锁针起立针。

05 用单股线钩织图解灰色符号部分的第 50 行。

06 待图解灰色符号部分钩织完成后，将针插入灰色符号部分第 50 行第 1 针的顶部。

07 将第 49 行第 1 针萝卜丝短针的线圈挂在针上引拔出来。萝卜丝短针是用双股线钩织的，因此要引拔带出 2 根线。

08 同样从所有针脚将线圈引拔至前侧。

09 用步骤 01 中暂停不钩的线钩第 47 行短针内侧半针，即图解中黑色符号部分的第 48 行。就这样按图解黑色部分钩织到第 50 行锁针起立针处。

10 图解黑色符号部分第 50 行的短针，是将图解灰色符号第 50 行和黑色符号第 49 行同时挑起钩织。

11 待图解黑色符号部分第 50 行钩织完后，再次完全拉出线圈。剪开线圈的中心。

12 用蒸汽熨斗熨烫，将流苏的长度整理至 4.5cm，完成。

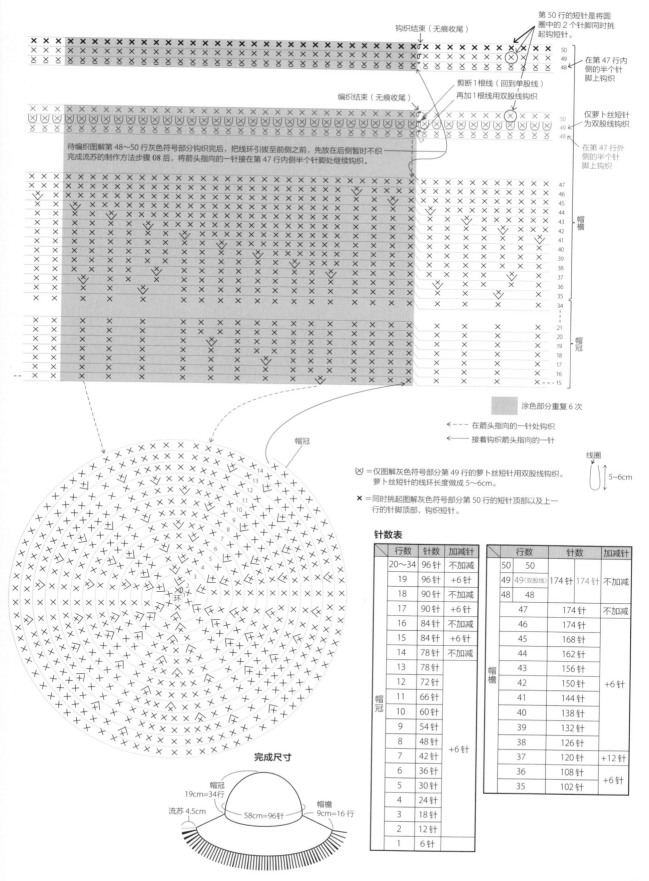

钩织结束（无痕收尾）

第50行的短针是将圆圈中的2个针脚同时挑起短针。

在第47行内侧的半个针脚上钩织

剪断1根线（回到单股线）再加1根用双股线钩织

编织结束（无痕收尾）

仅萝卜丝短针为双股线钩织

在第47行外侧的半个针脚上钩织

待编织图解第48~50行灰色符号部分钩织完后，把线环引拨至前侧之前，先放在后侧暂时不织——完成流苏的制作方法步骤08后，将箭头指向的一针接在第47行内侧半个针脚处继续钩织。

涂色部分重复6次

←--- 在箭头指向的一针处钩织

←— 接着钩织箭头指向的一针

帽冠

线圈 5~6cm

⋈ ＝仅图解灰色符号部分第49行的萝卜丝短针用双股线钩织。萝卜丝短针的线环长度做成5~6cm。

✕ ＝同时挑起图解灰色符号部分第50行的短针顶部以及上一行的针脚顶部，钩织短针。

完成尺寸

帽冠 19cm=34行
流苏 4.5cm
58cm=96针
帽檐 9cm=16行

针数表

	行数	针数	加减针
帽冠	20~34	96针	不加减
	19	96针	+6针
	18	90针	不加减
	17	90针	+6针
	16	84针	不加减
	15	84针	+6针
	14	78针	不加减
	13	78针	+6针
	12	72针	
	11	66针	
	10	60针	
	9	54针	
	8	48针	
	7	42针	
	6	36针	
	5	30针	
	4	24针	
	3	18针	
	2	12针	
	1	6针	

	行数		针数		加减针
	50	50			
	49	49(双股线)	174针	174针	不加减
	48	48			
帽檐		47	174针		不加减
		46	174针		
		45	168针		
		44	162针		
		43	156针		+6针
		42	150针		
		41	144针		
		40	138针		
		39	132针		
		38	126针		
		37	120针		+12针
		36	108针		+6针
		35	102针		

21、22 包扣发圈 ▶ P.29

21（大）

【线】和麻纳卡 eco ANDARIA 棉草线 米色（23）7g

【针】2/0 号钩针、缝合针

【其他】发绳22cm、带脚包扣套件（直径48mm）1 对、
棉花少许、记号扣

22（小）

【线】和麻纳卡 eco ANDARIA 棉草线 米色（23）4g

【针】2/0 号钩针、缝合针

【其他】发绳20cm、带脚包扣套件（直径29mm）1 对、
棉花少许、记号扣

【完成尺寸】参考图示

【制作方法】

※ 将线纵向对半撕开用单股线钩织。

① 在起针的环内钩 7 针短针。按照图解将作品 21、作品
22 分别钩至第 10 行和第 7 行。

② 完成包扣的制作（请参考下方包扣的组装方法）。

[21（大）钩织图]

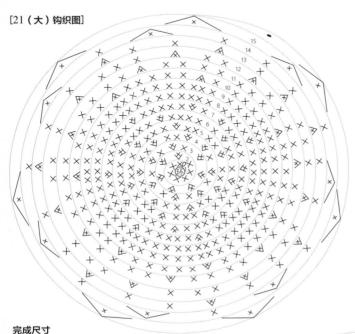

针数表

行数	针数	加减针
15	7 针	
14	14 针	
13	21 针	-7 针
12	28 针	
11	35 针	
10	42 针	
8、9	49 针	不加减
7	49 针	
6	42 针	
5	35 针	+7 针
4	28 针	
3	21 针	
2	14 针	
1	7 针	

完成尺寸

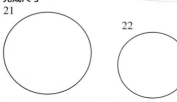

21 — 5.3 cm＝15 行

22 — 3.5cm＝10 行

[22（小）钩织图]

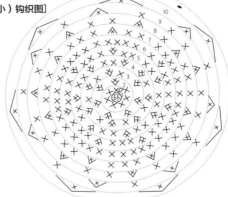

针数表

行数	针数	加减针
10	7 针	
9	14 针	-7 针
8	21 针	
7	28 针	
6	35 针	不加减
5	35 针	
4	28 针	+7 针
3	21 针	
2	14 针	
1	7 针	

〈包扣的组装方法〉

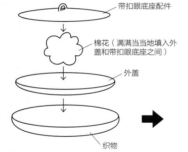

带扣眼底座配件

棉花（满满当当地填入外
盖和带扣眼底座之间）

外盖

织物

① 在织物的正中，按外盖、棉花、
带扣眼底座配件的顺序将它们
组装起来。

② 作品 21 和 22 分别钩织剩下的第
11～15 行、第 8～10 行。钩织好后，
线头留约 20cm 剪断。

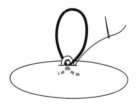

③ 在带扣眼底座配件上穿入发圈并打结，将打结
处放入织物里面。藏好打结处并收紧缝合，将
线收尾。

23、24 草帽发圈 ▶ P.29

24

23

23（大）
[线] 和麻纳卡 eco ANDARIA 棉草线 米色（23）7g
[针] 4/0 号钩针、缝合针
[其他] 发绳 20cm、罗缎丝带（宽 6mm，黑色）22cm、
手工胶水、棉花少许

24（小）
[线] 和麻纳卡 eco ANDARIA 棉草线 米色（23）6g
[针] 4/0 号钩针、缝合针
[其他] 发绳 20cm、罗缎丝带（宽 6mm，黑色）20cm、
手工胶水、棉花少许

[完成尺寸] 参考图示

[制作方法]
① 在起针的环内，作品 23 和 24 分别钩 7 针和 8 针短针。
按照图解作品 23、作品 24 分别钩织 1 片 A 至第 11
行和第 10 行，再分别钩织 1 片 B 至第 4 行和第 3 行。
钩完的线头留 20cm 剪断。
② 在 A 的中间填入棉花。
③ 从 B 的表面穿入发绳，在反面打结（请参考下方发圈
的安装方法）。
④ 用蒸汽熨斗喷雾整形并安装丝带（请参考下方丝带的安
装方法）。

[23（大）钩织图] A：1 片钩至第 11 行，B：1 片钩至第 4 行

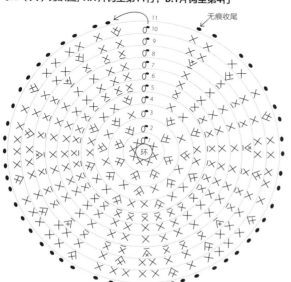

[24（小）钩织图] A：1 片钩至第 10 行，B：1 片钩至第 3 行

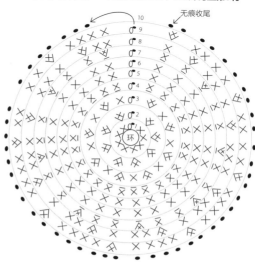

针数表

行数	针数	加减针
11	49针	不加减
10	49针	+7针
9	42针	+7针
8	35针	+7针
7	28针	不加减
6	28针	不加减
5	28针	不加减
4	28针	
3	21针	+7针
2	14针	
1	7针	

※挑外侧的半个针脚钩短针的条纹针

※挑内侧的半个针脚钩短针的条纹针

针数表

行数	针数	加减针
10	48针	不加减
9	48针	+8针
8	40针	+8针
7	32针	+8针
6	24针	不加减
5	24针	不加减
4	24针	不加减
3	24针	
2	16针	+8针
1	8针	

※挑外侧的半个针脚钩短针的条纹针

※挑内侧的半个针脚钩短针的条纹针

完成尺寸

3.5 cm
2 cm =3 行
6.5 cm=11 行

完成尺寸

2.7 cm
2 cm =3 行
6 cm=10 行

〈安装发绳的方法〉

〈丝带的安装方法〉

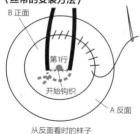

B 正面
第1行
开始钩织
A 反面
从反面看时的样子

6mm
14cm（作品 24 是 12cm）

5cm
0.5mm

2.5cm

① 作品 23 和 24 分别剪 14cm 和 12cm 的丝带，
并在反面涂上胶水，绕帽顶一圈粘贴。

② 制作装饰蝴蝶结。剪 5cm 的丝带，在顶端重
叠 0.5cm 后做成环，用胶水固定。

③ 将剪成 2.5cm 长的丝带纵向绕在步骤② 的连
接处，用胶水固定。在装饰蝴蝶结的反面涂上
胶水粘贴在步骤① 上。

25 小鸟发圈 ▶ P.29

[线] 和麻纳卡 eco ANDARIA 棉草线 米色(23)12g
[针] 5/0 号钩针、缝合针、缝衣针
[其他] 羊毛毡(15cm×15cm)1 片、BB 发夹(6.5cm)
1 个、珍珠(5mm)1 颗、缝纫线(白色)少许、手
工胶水、铅笔
[完成尺寸] 参考图示

[制作方法]
① 钩织主体。在起针的环内钩 3 针锁针的起立针和 15 针
长针。从第 2～16 行按图解往返片钩。
② 按图解钩织边缘。
③ 按图解钩织羽毛。
④ 组装步骤②和③(请参考整合图)。

[主体钩织图]

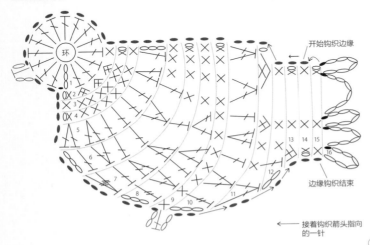

开始钩织边缘
边缘钩织结束
接着钩织箭头指向的一针

〈整合图〉

① 在主体上缝珍珠和羽毛。

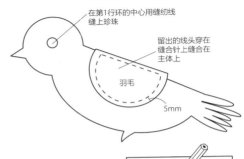

在第1行环的中心用缝纫线缝上珍珠
留出的线头穿在缝合针上缝合在主体上
羽毛
5mm

[羽毛钩织图]

1针锁针
起针
开始钩织边缘
边缘钩织结束
留30cm线头剪断

② 将主体放在毛毡上，用铅笔描出轮廓。

主体
毛毡

沿铅笔描出的线条内侧剪裁(比主体小一圈)。

毛毡

剪下的毛毡放在反面，配合 BB 发夹，剪出开口，将内侧的夹片插进去。

开口7mm

成品尺寸

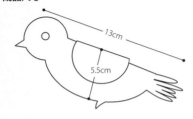

13cm
5.5cm

③ 用手工胶水将步骤②粘贴在主体反面。

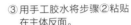
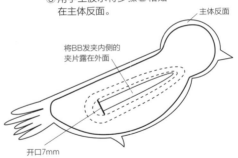

主体反面
将BB发夹内侧的夹片露在外面
开口7mm

26 花样钩编平顶硬草帽 ▶ P.31

【线】和麻纳卡 eco ANDARIA 棉草线 米色 (23)90g
【针】7/0 号钩针、缝合针
【其他】记号扣
【密度】短针钩织 17 针 ×19 行 =10cm×10cm
　　　　花样钩织 5 针 ×1 行 =2.9cm×1.2cm
【完成尺寸】参考图示

【制作方法】
①钩织帽顶。在起针的环内钩 5 针短针。从第 2 行开始不钩起立针，边加针边钩至第 18 行。
②顶部用蒸汽熨斗喷雾熨烫。
③钩织帽身。第 19～29 行按图解钩织花样和短针。
④钩织帽檐。短针加针钩织第 30～36 行。
⑤用蒸汽熨斗喷雾整形（请参考下方让角立起来的方法）。

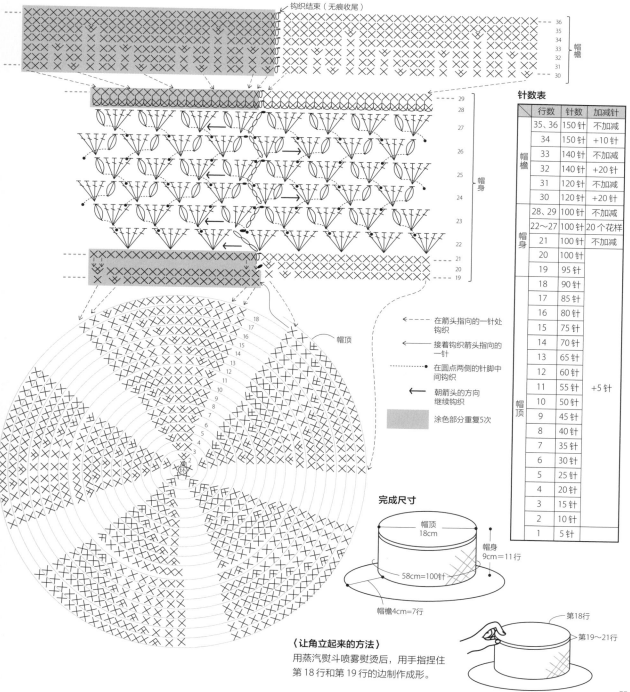

针数表	行数	针数	加减针
帽檐	35、36	150 针	不加减
	34	150 针	+10 针
	33	140 针	不加减
	32	140 针	+20 针
	31	120 针	不加减
	30	120 针	+20 针
帽身	28、29	100 针	不加减
	22～27	100 针	20 个花样
	21	100 针	不加减
	20	100 针	
	19	95 针	
	18	90 针	
	17	85 针	
	16	80 针	
	15	75 针	
	14	70 针	
	13	65 针	
	12	60 针	
	11	55 针	+5 针
帽顶	10	50 针	
	9	45 针	
	8	40 针	
	7	35 针	
	6	30 针	
	5	25 针	
	4	20 针	
	3	15 针	
	2	10 针	
	1	5 针	

⟶ - - ⟶　在箭头指向的一针处钩织
⟵　接着钩织箭头指向的一针
·······●　在圆点两侧的针脚中间钩织
⟵　朝箭头的方向继续钩织
　　涂色部分重复 5 次

完成尺寸
帽顶 18cm
帽身 9cm=11 行
58cm=100 针
帽檐 4cm=7 行

〈让角立起来的方法〉
用蒸汽熨斗喷雾熨烫后，用手指捏住第 18 行和第 19 行的边制成形。

第 18 行
第 19～21 行

27 时髦报童帽 ▶P.32

[线] 和麻纳卡 eco ANDARIA 棉草线 米色（23）75g
[针] 6/0 号钩针、缝合针
[其他] 记号扣
[密度] 短针钩织 18 针 ×20 行 =10cm×10cm
[完成尺寸] 参考图示

[制作方法]
① 钩织帽顶。在 2 针锁针起针处钩 6 针短针。从第 2 行开始不钩立针，边加针边钩至第 19 行。
② 钩织帽身。第 20～37 行减针钩织。
③ 钩织帽舌。在帽身第 37 行的第 47 针处接线，按图解往返片钩。
④ 用蒸汽熨斗喷雾整形。

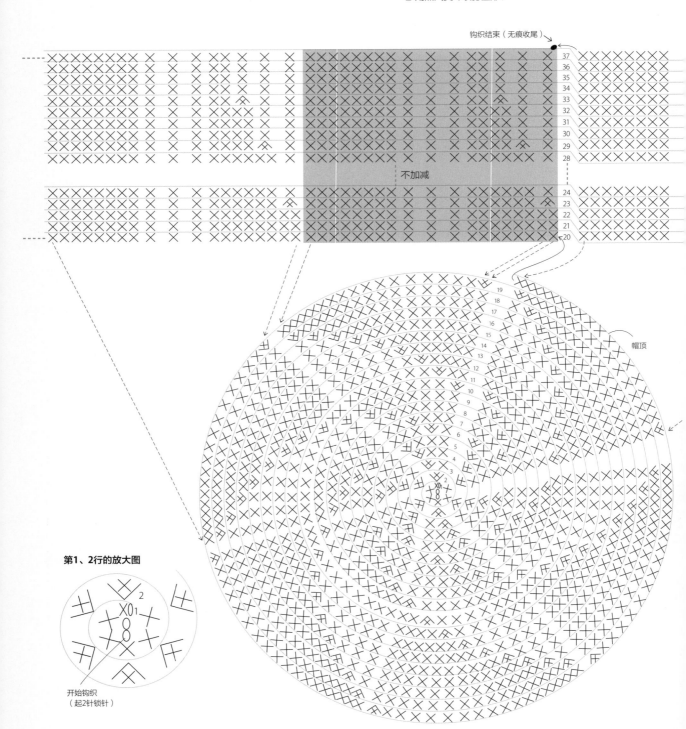

第1、2行的放大图

开始钩织
（起2针锁针）

针数表

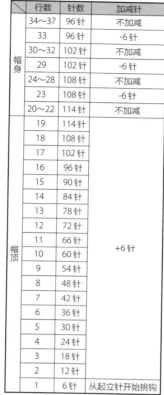

	行数	针数	加减针
帽身	34~37	96针	不加减
	33	96针	-6针
	30~32	102针	不加减
	29	102针	-6针
	24~28	108针	不加减
	23	108针	-6针
	20~22	114针	不加减
帽顶	19	114针	+6针
	18	108针	
	17	102针	
	16	96针	
	15	90针	
	14	84针	
	13	78针	
	12	72针	
	11	66针	
	10	60针	
	9	54针	
	8	48针	
	7	42针	
	6	36针	
	5	30针	
	4	24针	
	3	18针	
	2	12针	
	1	6针	从起立针开始挑钩

	行数	针数	加减针
帽舌	13	55针	+6针
	12	49针	+7针
	11	42针	+2针
	10	40针	+6针
	9	34针	+2针
	8	32针	+5针
	7	27针	
	6	22针	+2针
	5	20针	
	4	18针	+6针
	3	12针	+2针
	2	10针	+6针
	1	4针	

←--- 在箭头指向的一针处钩织
← 接着钩织箭头指向的一针
涂色部分重复6次

完成尺寸

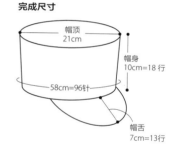

帽顶 21cm
帽身 10cm=18行
58cm=96针
帽舌 7cm=13行

[帽舌钩织图]

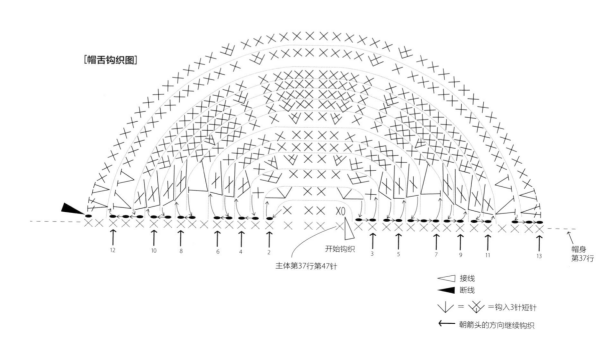

12　10　8　6　4　2　　开始钩织　3　5　7　9　11　13　帽身第37行
主体第37行第47针

▷ 接线
▶ 断线
↓ = ∨ =钩入3针短针
← 朝箭头的方向继续钩织

28 圆顶高帽 ▶ P.35

[线] 和麻纳卡 eco ANDARIA 棉草线 米色 (23) 75g
[针] 6/0 号钩针、缝衣针、缝合针
[其他] 罗缎丝带 (宽 1cm，藏蓝) 72cm×1 根、3cm×1
根、缝纫线 (藏蓝色) 少许、记号扣
[密度] 短针钩织 17 针 × 21 行 =10cm×10cm
[完成尺寸] 参考图示

[制作方法]
① 钩织帽顶。在起针的环内钩 7 针短针。从第 2 行开始
不钩起立针，边加针边钩至第 37 行。
② 钩织帽檐。第 38～42 行进行加针钩织。第 43 行将帽
子转至反面，看着反面，包住上一行的短针钩短针。
③ 将蝴蝶结缝在帽子上 (参考下方装饰蝴蝶结的制作方
法)。
④ 用蒸汽熨斗喷雾整形。

第43行是将帽子翻到反面，看着反面
包住上一行的短针钩织至第41行。

钩织结束 (无痕收尾)

涂色部分重复4次

帽冠

	行数	针数	加减针
帽檐	41～43	128 针	不加减
	40	128 针	+8 针
	39	120 针	不加减
	38	120 针	+20 针
帽冠	24～37	100 针	不加减
	23	100 针	+2 针
	21·22	98 针	不加减
	20	98 针	+7 针
	18·19	91 针	不加减
	17	91 针	+7 针
	16	84 针	
	14·15	77 针	不加减
	13	77 针	+7 针
	12	70 针	
	11	63 针	不加减
	10	63 针	
	9	56 针	+7 针
	8	49 针	
	7	42 针	
	6	35 针	不加减
	5	35 针	
	4	28 针	+7 针
	3	21 针	
	2	14 针	
	1	7 针	

针数表

完成尺寸

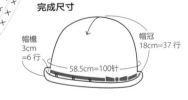

帽檐 3cm=6行
帽冠 18cm=37 行
58.5cm=100针

〈装饰蝴蝶结的制作方法〉

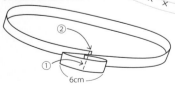

6cm

① 如图所示将 72cm 的丝带顶端三折后缝合。
② 将剩余的丝带绕在帽子上调整好长度，订
缝在步骤①的后侧。

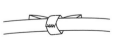

③ 将 3cm 的丝带绕在步骤①的三折
处，在反面缝合。

④ 将装饰丝带套在帽子上。在
丝带底部大约分 10 处缝在帽
子上。

29 平顶硬草帽 ▶ P.36

[线] 和麻纳卡 eco ANDARIA 棉草线 米色 (23) 85g
[针] 5/0 号钩针、缝衣针、缝合针
[其他] 丝带 (宽 3cm，黑色) 62cm×1 根、22cm×1 根、
6cm×1 根、缝纫线 (黑色) 少许
[密度] 短针钩织 19 针 ×20 行 =10cm×10cm
[完成尺寸] 参考图示

[制作方法]
① 钩织帽顶。在起针的环内钩 7 针短针。加针钩至第 17 行。
② 钩织帽身。第 18 行挑上一行外侧的半个针脚钩短针的条纹针。第 19~33 行不加减钩织短针。
③ 钩织帽檐。第 34 行挑上一行外侧的半个针脚钩短针的条纹针。第 35~41 行进行加针钩织。
④ 用蒸汽熨斗喷雾整形。
⑤ 制作丝带，套在帽子上并缝合 5 处左右 (请参考 P.82 丝带的制作方法)。

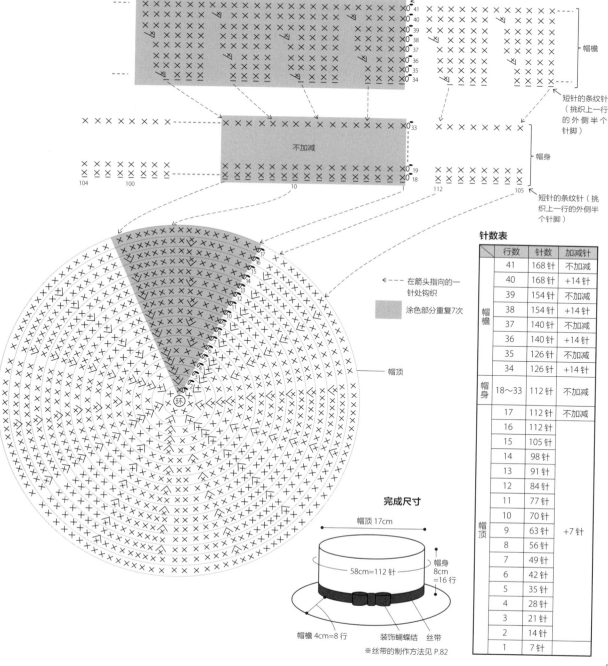

←--- 在箭头指向的一针处钩织

□ 涂色部分重复 7 次

帽顶

帽檐

帽身

短针的条纹针 (挑织上一行的外侧半个针脚)

短针的条纹针 (挑织上一行的外侧半个针脚)

不加减

钩织结束 (无痕收尾)

完成尺寸

帽顶 17cm
帽身 8cm =16 行
58cm=112 针
帽檐 4cm=8 行
装饰蝴蝶结
丝带
※丝带的制作方法见 P.82

针数表

	行数	针数	加减针
帽檐	41	168 针	不加减
	40	168 针	+14 针
	39	154 针	不加减
	38	154 针	+14 针
	37	140 针	不加减
	36	140 针	+14 针
	35	126 针	不加减
	34	126 针	+14 针
帽身	18~33	112 针	不加减
	17	112 针	不加减
帽顶	16	112 针	
	15	105 针	
	14	98 针	
	13	91 针	
	12	84 针	
	11	77 针	
	10	70 针	
	9	63 针	+7 针
	8	56 针	
	7	49 针	
	6	42 针	
	5	35 针	
	4	28 针	
	3	21 针	
	2	14 针	
	1	7 针	

〈丝带的制作方法〉

①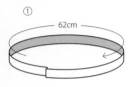

②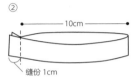

③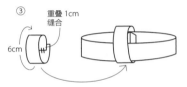

④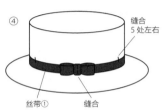

①将62cm的丝带围成圈，对应帽子的尺寸缝合。

②制作装饰蝴蝶结。将22cm的丝带对半折，留1cm缝份将两端缝合。

③将步骤②的丝带环翻转过来。将6cm的丝带正面朝外围起来，叠放1cm缝合。缝好后套在步骤②丝带环的中央。

④将步骤③的中心缝在步骤①上。丝带上部分大约5处缝在帽子上。

30 飘带尖尖帽 ▶ P.39

[线]和麻纳卡 eco ANDARIA 棉草线 米色(23)140g

[针]6/0号钩针、缝合针

[其他]记号扣

[密度]短针钩织18针×19行=10cm×10cm

[完成尺寸]参考图示

[制作方法]

①钩织帽冠。在起针的环内钩8针短针。从第2行开始不钩起立针，加针钩至第35行。

②钩织帽檐。第36～40行加针钩织。

③用蒸汽熨斗喷雾整形。

④钩织飘带。起28针锁针，按花样钩织至第55行。将织物上下折返，钩织第1'～2'行。用蒸汽熨斗压出纵向对半的折痕。

⑤将步骤④缠绕在帽子上(请参考下方飘带的缠绕方法)。

〈飘带的缠绕方法〉

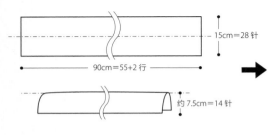

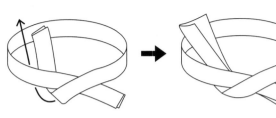

①将飘带对折，用蒸汽熨斗喷雾定型。

②将飘带绕一圈套在帽子上。

③整形好后完成。

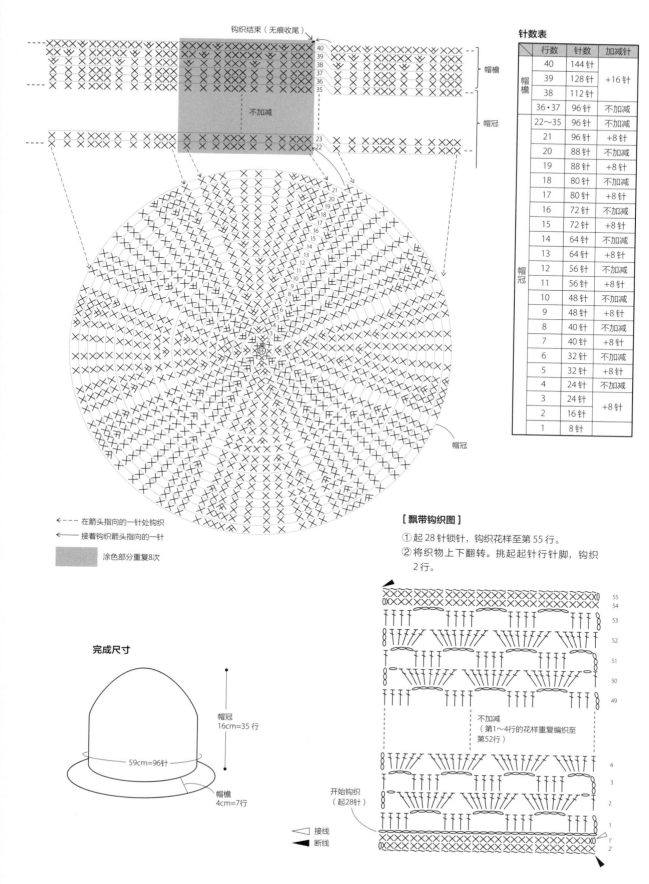

钩织结束（无痕收尾）

帽檐

帽冠

不加减

帽冠

21
20
19
18
17
16
15
14
13
12
11
10
9
8
7
6
5
4
3
2
1

40
39
38
37
36
35

23
22

帽冠

- - - ← 在箭头指向的一针处钩织
—— ← 接着钩织箭头指向的一针
涂色部分重复8次

针数表

	行数	针数	加减针
帽檐	40	144针	+16针
	39	128针	
	38	112针	
	36·37	96针	不加减
帽冠	22～35	96针	不加减
	21	96针	+8针
	20	88针	不加减
	19	88针	+8针
	18	80针	不加减
	17	80针	+8针
	16	72针	不加减
	15	72针	+8针
	14	64针	不加减
	13	64针	+8针
	12	56针	不加减
	11	56针	+8针
	10	48针	不加减
	9	48针	+8针
	8	40针	不加减
	7	40针	+8针
	6	32针	不加减
	5	32针	+8针
	4	24针	不加减
	3	24针	+8针
	2	16针	
	1	8针	

完成尺寸

帽冠
16cm=35 行

59cm=96针

帽檐
4cm=7 行

▷ 接线
▶ 断线

[飘带钩织图]

①起28针锁针，钩织花样至第55行。
②将织物上下翻转。挑起起针行针脚，钩织
　2行。

55
54
53
52
51
50
49

不加减
（第1～4行的花样重复编织至
第52行）

4
3
2
1

开始钩织
（起28针）

1'
2'

31 狩猎帽 ▶ P.40

[线] 和麻纳卡 eco ANDARIA 棉草线 米色 (23)130g

[针] 6/0 号钩针、缝合针

[其他] 蜡绳(直径约 2.5mm)1.3m、四合扣(头部直径 12mm,复古金)2个、铆钉扣眼(孔径 6mm)4个、收尾夹扣 1 个、皮革(4cm×4cm)1 块、打孔钳

[密度] 短针钩织 16 针 ×18.5 行 =10cm×10cm

[完成尺寸] 参考图示

[制作方法]

①钩织帽顶。在起针的环内钩 6 针短针。加针钩至第 15 行。

②钩织帽身。加针钩织第 16~36 行。(请参考下方粗线框内的部分)

③钩织帽檐。加针钩织第 37~52 行。

④在指定位置上安装四合扣和铆钉扣眼(请参考 P.86 四合扣、铆钉扣眼的安装)。

⑤用蒸汽熨斗喷雾整形。

⑥将蜡绳穿入铆钉扣眼内,装上收尾夹扣,顶端打结(请参考 P.86 帽绳的安装)。

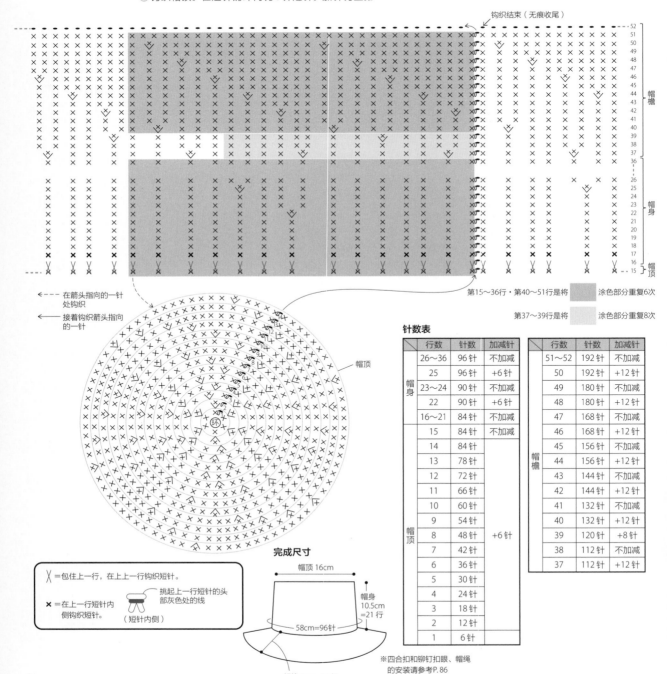

←--- 在箭头指向的一针处钩织

←— 接着钩织箭头指向的一针

第 15~36 行・第 40~51 行是将 ▓ 涂色部分重复 6 次

第 37~39 行是将 ▓ 涂色部分重复 8 次

✖ = 包住上一行,在上上一行钩织短针。

✕ = 在上一行短针内侧钩织短针。(短针内侧)

挑起上一行短针的头部灰色处的线

完成尺寸

帽顶 16cm

帽身 10.5cm=21 行

58cm=96 针

帽檐 9cm=16 行

※四合扣和铆钉扣眼、帽绳的安装请参考 P.86

针数表

	行数	针数	加减针
帽身	26~36	96 针	不加减
	25	96 针	+6 针
	23~24	90 针	不加减
	22	90 针	+6 针
	16~21	84 针	不加减
	15	84 针	不加减
帽顶	14	84 针	
	13	78 针	
	12	72 针	
	11	66 针	
	10	60 针	
	9	54 针	
	8	48 针	+6 针
	7	42 针	
	6	36 针	
	5	30 针	
	4	24 针	
	3	18 针	
	2	12 针	
	1	6 针	

	行数	针数	加减针
	51~52	192 针	不加减
	50	192 针	+12 针
	49	180 针	不加减
	48	180 针	+12 针
	47	168 针	不加减
	46	168 针	+12 针
帽檐	45	156 针	不加减
	44	156 针	+12 针
	43	144 针	不加减
	42	144 针	+12 针
	41	132 针	不加减
	40	132 针	+12 针
	39	120 针	+8 针
	38	112 针	不加减
	37	112 针	+12 针

钩织结束(无痕收尾)

帽檐 / 帽身 / 帽顶

32 童款 狩猎帽 ▶ P.40

【线】和麻纳卡 eco ANDARIA 棉草线 米色 (23)90g

【针】6/0 号钩针、缝合针

【其他】蜡绳（直径约 2.5mm）1.2m、四合扣（头部直径 12mm，复古金）2 个、铆钉扣眼（孔径 6mm）4 个、收尾夹扣 1 个、皮革（4cm×4cm）1 块、打孔钳

【密度】短针钩织 16 针 × 18.5 行 =10cm×10cm

【完成尺寸】参考图示

【制作方法】
① 钩织帽顶。在起针的环内钩 6 针短针。加针钩至第 14 行。
② 钩织帽身。加针钩织第 15～31 行。（请参考下方粗线框内的部分）
③ 钩织帽檐。加针钩织第 32～42 行。
④ 在指定位置上安装四合扣和铆钉扣眼（请参考 P.86 四合扣、铆钉扣眼的安装）。
⑤ 用蒸汽熨斗喷雾整形。
⑥ 将蜡绳穿入铆钉扣眼内，装上收尾夹扣，顶端打结（请参考 P.86 帽绳的安装）。

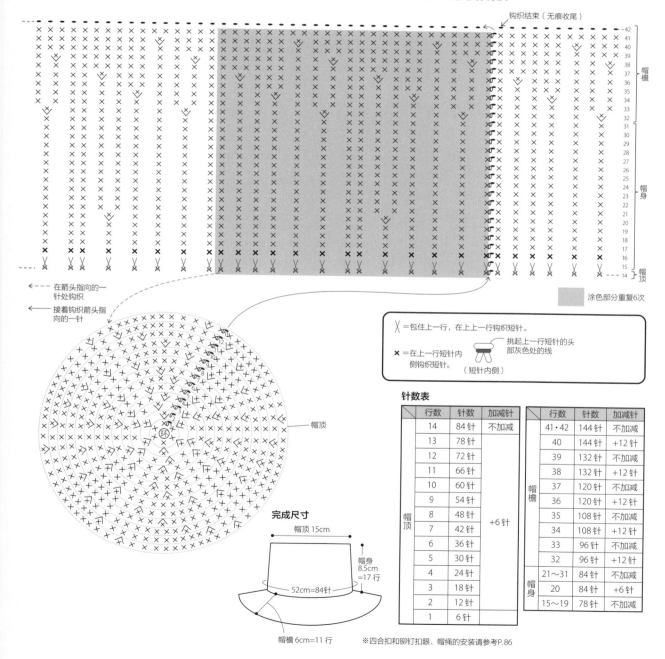

钩织结束（无痕收尾）

涂色部分重复6次

← 在箭头指向的一针处钩织
← 接着钩织箭头指向的一针

$\curlyvee$ =包住上一行，在上上一行钩织短针。

× =在上一行短针内侧钩织短针。

挑起上一行短针的头部灰色处的线
（短针内侧）

帽顶

完成尺寸

帽顶 15cm
帽身 8.5cm =17 行
52cm=84针
帽檐 6cm=11 行

针数表

	行数	针数	加减针
帽顶	14	84针	不加减
	13	78针	+6针
	12	72针	
	11	66针	
	10	60针	
	9	54针	
	8	48针	
	7	42针	
	6	36针	
	5	30针	
	4	24针	
	3	18针	
	2	12针	
	1	6针	

	行数	针数	加减针
帽檐	41·42	144针	不加减
	40	144针	+12针
	39	132针	不加减
	38	132针	+12针
	37	120针	不加减
	36	120针	+12针
	35	108针	不加减
	34	108针	+12针
	33	96针	不加减
	32	96针	+12针
帽身	21～31	84针	不加减
	20	84针	+6针
	15～19	78针	不加减

※四合扣和铆钉扣眼、帽绳的安装请参考P.86

〈四合扣、铆钉扣眼的安装〉 ※ 接续 P.84～85

参考右图，在帽子左右按相同方式安装。

① 作品 31 是从第 35 行的起立针开始将铆钉扣眼插入第 20、21 针之间。作品 32 是从第 30 行的起立针开始将铆钉扣眼插入第 18、19 针之间。

② 作品 31 是从第 35 行的起立针开始将铆钉扣眼插入第 28、29 针之间。作品 32 是从第 30 行的起立针开始将铆钉扣眼插入第 24、25 针之间。

③ 用打孔器制作 4 片直径 1.5cm 的圆形皮块，中心用打孔器开四合扣的孔。在安装四合扣的公扣和母扣时，在织物的反面插入 1 片。

④ 作品 31 是从第 28 行的起立针开始在第 24、25 行之间插入公扣。（使用皮革）
作品 32 是从第 26 行的起立针开始在第 21、22 行之间插入公扣。（使用皮革）

⑤ 作品 31 是从第 49 行的起立针开始在第 45、46 行之间插入母扣。（使用皮革）
作品 32 是从第 40 行的起立针开始在第 36、37 行之间插入母扣。（使用皮革）

※ 请注意在插入四合扣和铆钉扣眼时，不要伤到织物。

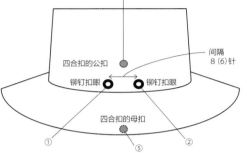

〈帽绳的安装〉 ※ 戴帽子时，帽绳是在后面。

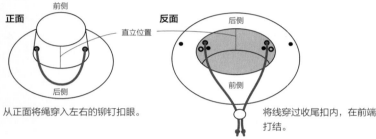

从正面将绳穿入左右的铆钉扣眼。　　将线穿过收尾扣内，在前端打结。

no. 33 （童款）圆嘟嘟的棒球帽 ▶ P.42

[线] 和麻纳卡 eco ANDARIA 棉草线 米色 (23) 70g
[针] 5/0 号钩针、缝合针
[密度] 短针钩织 18.5 针 × 21.5 行 =10cm × 10cm
[完成尺寸] 参考图示

[制作方法]

① 钩织帽冠。在起针的环内钩 8 针短针。从第 2 行开始不钩起立针，加针钩至第 33 行。第 34 行用引拔针和引拔针的条纹针来钩织。

② 钩织帽舌。在帽顶的第 34 行按图解在余下外侧的半个针脚上钩织引拔针的条纹针。

③ 钩织装饰球，缝在帽顶。

④ 用蒸汽熨斗喷雾整形。

[装饰球编织图]

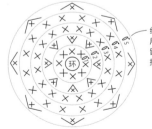

线留20cm左右剪断。
用相同的线将装饰球内填满，
留出的线穿入缝合针，
挑起最后一行内侧的半个针脚抽线收口。

完成尺寸

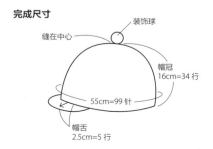

装饰球
缝在中心
帽冠
16cm=34 行
55cm=99 针
帽舌
2.5cm=5 行

〈帽舌的位置〉

开始位置
帽冠
29 针　29 针
41 针
帽舌
19cm

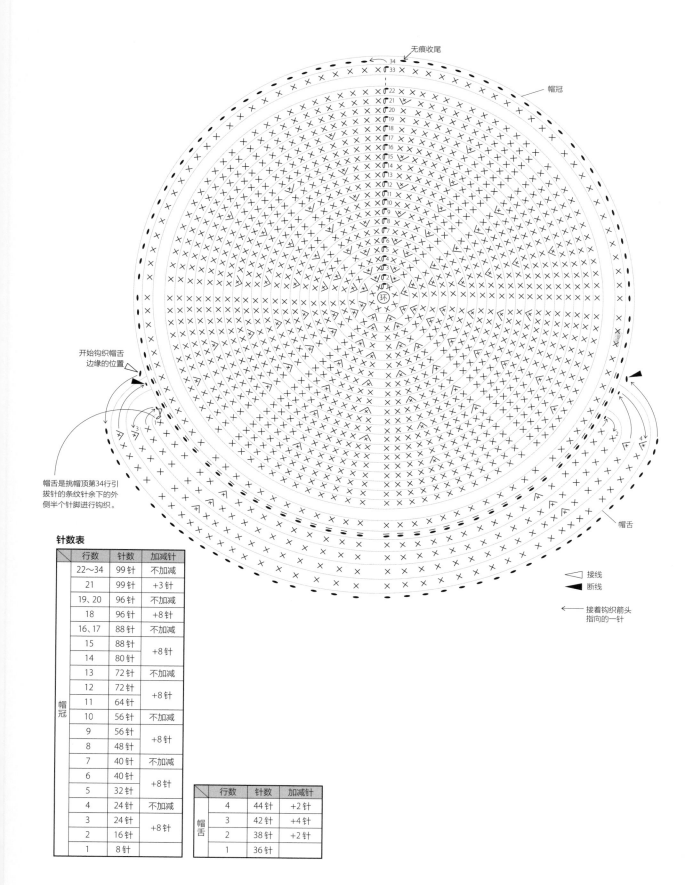

无痕收尾

帽冠

开始钩织帽舌边缘的位置

帽舌是挑帽顶第34行引拔针的条纹针余下的外侧半个针脚进行钩织。

帽舌

▷ 接线
◀ 断线
← 接着钩织箭头指向的一针

针数表

	行数	针数	加减针
帽冠	22~34	99针	不加减
	21	99针	+3针
	19、20	96针	不加减
	18	96针	+8针
	16、17	88针	不加减
	15	88针	+8针
	14	80针	
	13	72针	不加减
	12	72针	+8针
	11	64针	
	10	56针	不加减
	9	56针	+8针
	8	48针	
	7	40针	不加减
	6	40针	+8针
	5	32针	
	4	24针	不加减
	3	24针	+8针
	2	16针	
	1	8针	

	行数	针数	加减针
帽舌	4	44针	+2针
	3	42针	+4针
	2	38针	+2针
	1	36针	

87

34

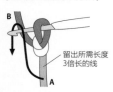

35 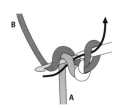 童款

34
[线]和麻纳卡 eco ANDARIA 棉草线 米色(23)70g
[针]6/0号钩针、缝合针
[其他]带脚纽扣(直径1.9cm)1颗、缝纫线(米色)少许

35
[线]和麻纳卡 eco ANDARIA 棉草线 米色(23)55g
[针]6/0号钩针、缝合针
[其他]带脚纽扣(直径1.7cm)1颗、缝纫线(米色)少许
[密度]短针钩织 17针×20行=10cm×10cm
[完成尺寸]参考图示

[制作方法]
① 钩织帽冠。在起针的环内钩7针短针。从第2行开始作品34和35分别加针钩至第35行和第32行。
② 钩织帽舌。按照钩织图解接线,不加减针片钩钩织。
③ 钩织边缘。
④ 作品34和35分别钩54cm和47cm长的双辫子绳。(请参考下方双辫子绳的钩织方法)。和纽扣一起缝在帽舌底部。另一侧用别线缝合(请参考下方双辫子绳的安装方法)
⑤ 用蒸汽熨斗喷雾整形。

〈双辫子绳的钩织方法〉

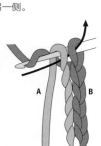

留出所需长度3倍长的线

① 留出所需长度3倍长的线头(作品34=162cm以上、作品35=141cm以上),钩锁针的第一针。将线A从钩针的前侧挂向另一侧。

② 将线B挂在钩针上,朝箭头方向引拔带出。

③ 重复步骤①、②。

〈双辫子绳的安装方法〉

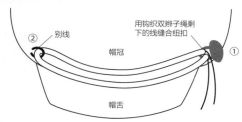

② 别线　　帽冠　　帽舌　　① 用钩织双辫子绳剩下的线缝合纽扣

① 对折双辫子绳,在纽扣一侧放线头,并将双辫子绳和纽扣用缝合针缝在主体上。
② 另一侧用缝合针穿上别线缝在帽舌边上。

34 针数表

	行数	针数	加减针
帽舌	4	44针	-2针
	3	46针	在前端-2针 +4针
	2	44针	在前端-2针 +4针
	1	42针	
帽冠	35	98针	-7针
	33、34	105针	不加减
	32	105针	-7针
	30、31	112针	不加减
	29	112针	-7针
	24~28	119针	不加减
	23	119针	+7针
	22	112针	
	21	105针	不加减
	20	105针	+7针
	19	98针	
	18	91针	不加减
	17	91针	+7针
	16	84针	
	15	77针	不加减
	14	77针	+7针
	13	70针	
	12	63针	不加减
	11	63针	+7针
	10	56针	
	9	49针	不加减
	8	49针	+7针
	7	42针	
	6	35针	不加减
	5	35针	
	4	28针	+7针
	3	21针	
	2	14针	
	1	7针	

35 针数表

	行数	针数	加减针
帽舌	4	36针	-2针
	3	38针	在前端-2针 +2针
	2	38针	在前端-2针 +3针
	1	37针	
帽冠	32	89针	-2针
	31	91针	不加减
	30	91针	-7针
	28、29	98针	不加减
	27	98针	-7针
	23~26	105针	不加减
	22	105针	+7针
	20、21	98针	不加减
	19	98针	+7针
	18	91针	不加减
	17	91针	+7针
	16	84针	
	15	77针	不加减
	14	77针	+7针
	13	70针	
	12	63针	不加减
	11	63针	+7针
	10	56针	
	9	49针	不加减
	8	49针	+7针
	7	42针	
	6	35针	不加减
	5	35针	
	4	28针	+7针
	3	21针	
	2	14针	
	1	7针	

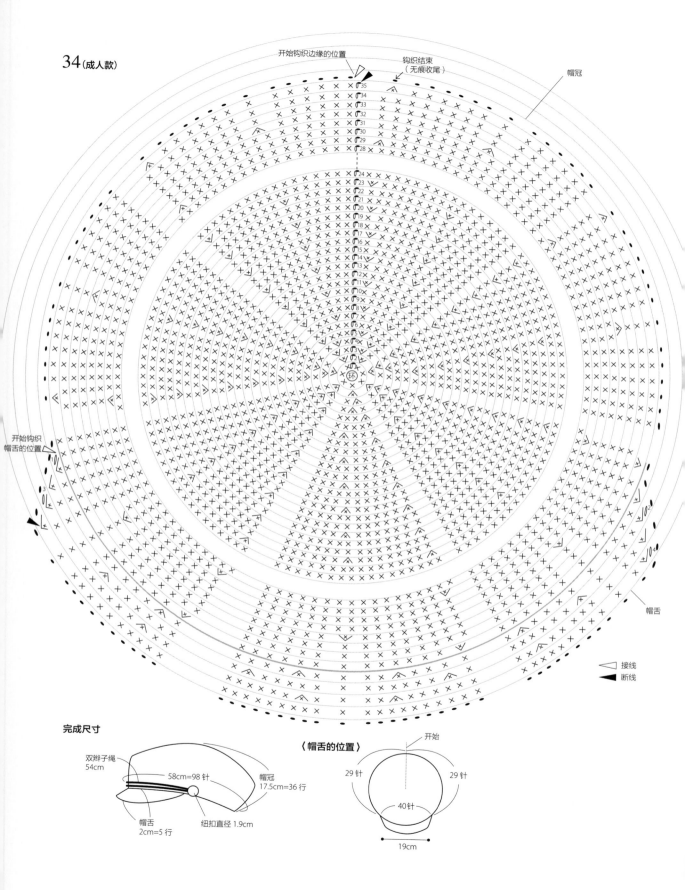

开始钩织边缘的位置
钩织结束
（无痕收尾）
帽冠

开始钩织
帽舌的位置

帽舌

◁ 接线
◀ 断线

完成尺寸

双辫子绳
54cm
58cm=98 针
帽冠
17.5cm=36 行
帽舌
2cm=5 行
纽扣直径 1.9cm

〈帽舌的位置〉

开始
29 针
29 针
40 针
19cm

35（童款）

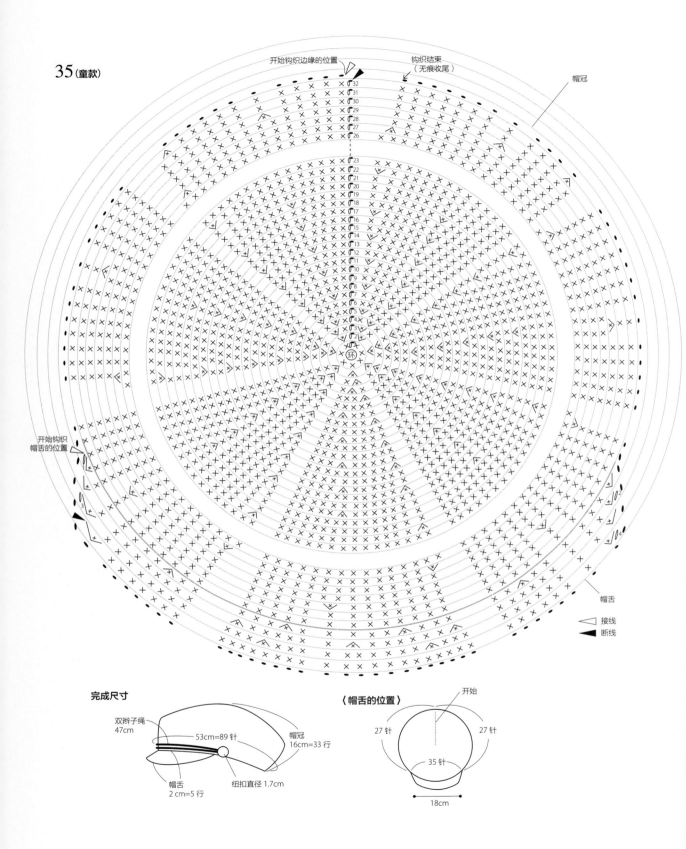

开始钩织边缘的位置

钩织结束
（无痕收尾）

帽冠

开始钩织
帽舌的位置

帽舌

△ 接线
▲ 断线

完成尺寸

双辫子绳
47cm

帽冠
16cm=33 行

53cm=89 针

帽舌
2 cm=5 行

纽扣直径 1.7cm

〈帽舌的位置〉

开始

27 针   27 针

35 针

18cm

36 童款 郁金香带檐帽 ▶ P.46

[线] 和麻纳卡 eco ANDARIA 棉草线 米色 (23) 80g
[针] 6/0 号钩针、缝合针
[密度] 短针钩织 16 针 × 18.5 行 = 10cm × 10cm
[完成尺寸] 参考图示

[制作方法]
① 钩织帽冠。在起针的环内钩 6 针短针。加针钩至第 34 行（请参考下方粗线框内的部分）。
② 钩织帽檐。第 35～41 行加针钩织。第 42～44 行按照图解钩织。
③ 用蒸汽熨斗喷雾整形。

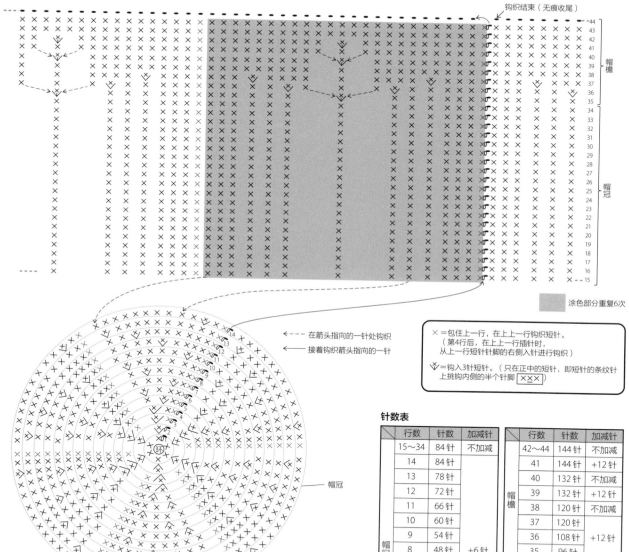

钩织结束（无痕收尾）

帽檐
帽冠

涂色部分重复6次

← - - - 在箭头指向的一针处钩织
← 接着钩织箭头指向的一针

× = 包住上一行，在上上一行钩织短针。
（第4行后，在上上一行插针时，从上一行短针针脚的右侧入针进行钩织。）

= 钩入3针短针。（只在正中的短针，即短针的条纹针上挑钩内侧的半个针脚 ×××）

帽冠

针数表

	行数	针数	加减针
帽冠	15～34	84针	不加减
	14	84针	
	13	78针	
	12	72针	
	11	66针	
	10	60针	
	9	54针	
	8	48针	+6针
	7	42针	
	6	36针	
	5	30针	
	4	24针	
	3	18针	
	2	12针	
	1	6针	

	行数	针数	加减针
帽檐	42～44	144针	不加减
	41	144针	+12针
	40	132针	不加减
	39	132针	+12针
	38	120针	不加减
	37	120针	
	36	108针	+12针
	35	96针	

完成尺寸

帽冠
15.5cm=34行

帽檐
5.5cm=10行

52cm=84针

37 童款 尖尖帽 ▶P.47

[线]和麻纳卡 eco ANDARIA 棉草线 米色(23)75g
[针]5/0号钩针、缝合针
[其他]记号扣
[密度]短针钩织 20针×20行 =10cm×10cm
[完成尺寸]参考图示

【制作方法】
① 钩织帽冠。在起针的环内钩 7针短针。从第2行开始
   不钩起立针，加针钩至第35行。
② 钩织帽檐。加针钩织第36～47行。
③ 钩织丝带。钩175针(105cm)锁针。
④ 用蒸汽熨斗喷雾整形。将步骤③钩织的丝带绑成蝴蝶
   结，在主体上缝5处左右。

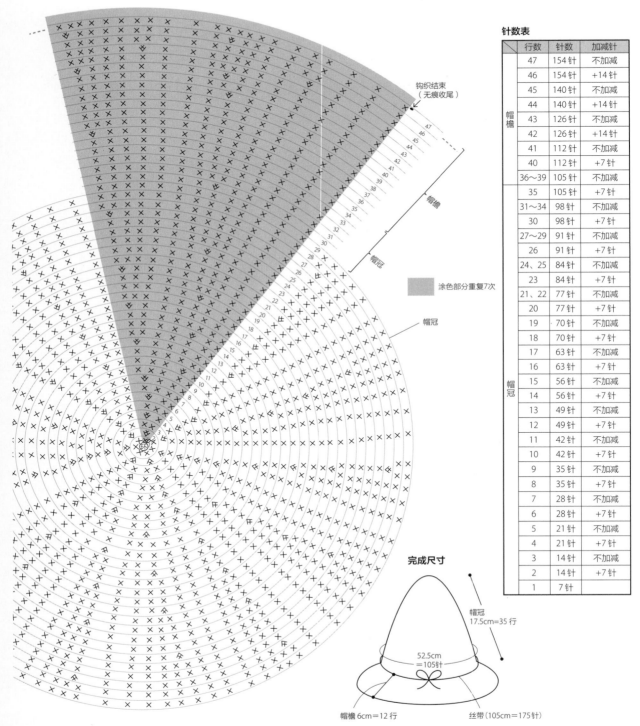

涂色部分重复7次

钩织结束
（无痕收尾）

帽檐

帽冠

针数表

	行数	针数	加减针
帽檐	47	154针	不加减
	46	154针	+14针
	45	140针	不加减
	44	140针	+14针
	43	126针	不加减
	42	126针	+14针
	41	112针	不加减
	40	112针	+7针
	36～39	105针	不加减
帽冠	35	105针	+7针
	31～34	98针	不加减
	30	98针	+7针
	27～29	91针	不加减
	26	91针	+7针
	24、25	84针	不加减
	23	84针	+7针
	21、22	77针	不加减
	20	77针	+7针
	19	70针	不加减
	18	70针	+7针
	17	63针	不加减
	16	63针	+7针
	15	56针	不加减
	14	56针	+7针
	13	49针	不加减
	12	49针	+7针
	11	42针	不加减
	10	42针	+7针
	9	35针	不加减
	8	35针	+7针
	7	28针	不加减
	6	28针	+7针
	5	21针	不加减
	4	21针	+7针
	3	14针	不加减
	2	14针	+7针
	1	7针	

完成尺寸

帽冠
17.5cm=35行

52.5cm
=105针

帽檐 6cm=12行

丝带(105cm=175针)

钩织符号表

引拔针 在上一行的针脚内入针，挂线一次性引拔带出。

锁针 将线绕在钩针上，挂线引拔带出。

短针 第1针起立针不计入针数，将针插入下一针锁针的前半个针脚，挂线并将线带出，再挂线引拔2个线圈。

第1针起立针　　将针插入上半个针脚

短针的条纹针 在上一行内侧的半个针脚内插入钩针，钩织短针。

※ 本书中，也有从上一行外侧的半个针脚内插入钩针钩织短针的情况，使用相同的符号。

逆短针 织物的朝向保持不变，从左向右钩织短针。

     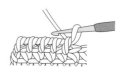

短针1针分2针
在相同针脚内钩2针短针。

短针1针分3针
在相同针脚内钩3针短针。

 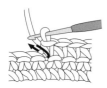 

第2针　　加1针

短针2针并1针 在第1针内插入钩针挂线引拔带出，下一个针脚也将线引拔带出，挂线将3个线圈一次性引拔带出。

减1针

中长针　钩针上挂线将针插入针脚内，挂线带出，接着挂线一次性从 3 个线圈中带出。

长针　钩针上挂线将针插入针脚内，挂线带出，接着重复 2 次从 2 个线圈中带出。

长长针　钩针上挂线 2 次，将针插入上一行的针脚内，挂线带出，接着挂线重复 3 次从 2 个线圈中带出。

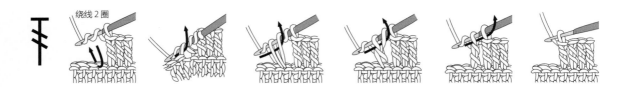

中长针 1 针分 2 针　在同一针脚内钩 2 针中长针。

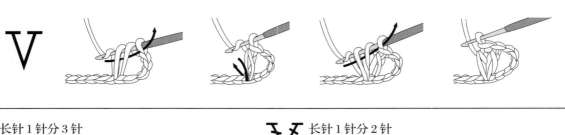

长针 1 针分 3 针
在同一针脚内钩 3 针长针。

长针 1 针分 2 针
在同一针脚内钩 2 针长针。

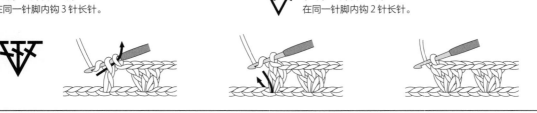

长针 2 针并 1 针　在箭头位置处钩 2 针未完成的长针，挂线一次性带出。

内钩短针 将针插入上一行针脚的反面，钩织短针。

3针中长针的枣形针 在相同针脚处钩3针未完成的中长针，挂线，一次性带出。

1针锁针

3针中长针的变形枣形针 和3针中长针的枣形针相同，在同一针脚内钩3针未完成的中长针。挂线按箭头方向带出，接着挂线从剩下的线圈中带出。

第2针
第3针
第1针

 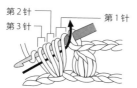  

萝卜丝短针（短环针） 保持左手中指将线下压的状态钩织短针，织物反面就可形成线圈。

〈反面〉

无痕收尾 带出钩织针脚上留下的线头，将其穿入缝合针。将针穿入开始钩织的针脚内，再返回结束钩织的针脚内，在反面将线收尾。

日文版工作人员

编辑	武智美惠
摄影	坂本孝
进展	古池日香留
制作协助	佐仓辉
	小鸟山印子
校正	梨帆理子
美发	福留绘里
模特	铃木亚希子
	铃木 吹
作品制作	小鸟山印子
	高际有希
	blanco
	Miya
	梨帆理子

图书在版编目（CIP）数据

自然系棉草草帽和配饰37款 / 日本诚文堂新光社编著；虎耳草咩咩译. -- 北京：中国纺织出版社有限公司，2022.12

ISBN 978-7-5180-9878-1

Ⅰ.①自… Ⅱ.①日… ②虎… Ⅲ.①帽－绒线－编织－图集②服饰－绒线－编织－图集 Ⅳ.①TS941.763.8-64

中国版本图书馆CIP数据核字（2022）第173047号

责任编辑：刘 婧　　特约编辑：夏佳齐
责任校对：高 涵　　责任印制：储志伟

中国纺织出版社有限公司出版发行
地址：北京市朝阳区百子湾东里 A407 号楼　邮政编码：100124
销售电话：010—67004422　传真：010—87155801
http://www.c-textilep.com
中国纺织出版社天猫旗舰店
官方微博 http://weibo.com/2119887771
北京雅昌艺术印刷有限公司印刷　各地新华书店经销
2022 年 12 月第 1 版第 1 次印刷
开本：787×1092　1/16　印张：6
字数：163 千字　定价：59.80 元

凡购本书，如有缺页、倒页、脱页，由本社图书营销中心调换